DIANA COMPTE

Mimetismo
Genética e historia natural

GUADALMAZÁN

Guadalmazán • Colección Divulgación Científica
Edición de Antonio Cuesta

www.editorialguadalmazan.com
guadalmazan@almuzaralibros.com

Talenbook, s.l.
C/ Cervantes, 26 · 28014 · Madrid

Imprime: Liberdúplex
ISBN: 978-84-19414-55-7
Depósito Legal: M-8539-2025
Hecho e impreso en España - *Made and printed in Spain*

«La naturaleza es una esfera infinita cuyo centro está
en todas partes y la circunferencia en ninguna».
BLAISE PASCAL

Índice

Prólogo

En mi memoria infantil, los paseos campestres eran safaris de lo minúsculo. Nuestros ojos, torpes radares biológicos, solo captaban lo obvio: el movimiento, el contraste... la naturaleza reservaba sus mejores trucos —ese mimetismo perfecto— para quienes supieran mirar sin prisas. Mi padre tenía ese don: detectaba lo imperceptible. «Mirad ahí», susurraba, y comenzaba nuestro peculiar rito: pestañear, ajustar el enfoque, reeducar la mirada... como si la verdadera visión no estuviera en los ojos, sino en el arte de esperar. A veces era solo un juego de manchas y tonalidades; otras, nos topábamos con auténticos ilusionistas de la naturaleza, maestros del engaño que nos desafiaban.

Hoy, los niños descubren el asombroso mimetismo de la naturaleza a través de retos virales y fotografías en redes sociales. Estos juegos visuales —«¿Puedes encontrar al camaleón?» o «¿Dónde está la mariposa en esta corteza?»— muestran ejemplos espectaculares que de otro modo permanecerían desconocidos para el gran público. Pero tras el entusiasmo inicial, detecto un vacío preocupante: en mi experiencia, casi nadie utiliza estos juegos como puerta de entrada para profundizar. ¿Cuántos, tras superar el reto visual, investigan sobre la biología de esa especie, su papel ecológico o sus estrategias de supervivencia? El mimetismo se reduce así a un simple efecto «especial» de la naturaleza, perdiendo su dimensión científica y su valor como ventana a la complejidad evolutiva.

La realidad es que la facultad de tantísimos organismos para engañar los sentidos de otros es un fenómeno que merece ser estudiado con detenimiento. Ni siquiera podemos enfocarlo estrictamente a animales, ya que muchas plantas son miméticas e incluso hay importantes avances relacionados con el mimetismo molecular.

La idea de esta obra surgió precisamente con el fin de realizar un modesto homenaje a la naturaleza. Esa de la que tanta gente habla que hay que proteger pero que tan poco esfuerzo se pone en descubrir. La realidad es que no es posible que se pongan medidas acertadas, verdaderas y permanentes para «salvar el mundo», si ese mundo nos resulta ajeno; no se puede empatizar con aquello que no se conoce, y para conocer la naturaleza hay que vivirla: ir a ella, desde luego, pero también aprender sobre su belleza y su complejidad, sentirla.

Pasear por la naturaleza sin entender lo que nos rodea es como admirar un cuadro ignorando su composición, técnica o contexto histórico: una experiencia superficial que apenas roza su verdadero valor. Esta comprensión va más allá del mero conocimiento académico. Para proteger efectivamente nuestro entorno, no bastan consignas bienintencionadas o gestos simbólicos. Requiere asumir una verdad incómoda: somos un hilo más en el tejido de la vida, no sus dueños. Entender los ecosistemas —sus frágiles equilibrios, su historia evolutiva, nuestra huella en ellos— no es un ejercicio de erudición, sino de supervivencia. Cada especie ignorada, cada proceso ecológico incomprendido, refleja nuestra peligrosa arrogancia antropocéntrica. La paradoja es clara: mientras más nos creemos distintos al resto de seres vivos, más evidenciamos nuestra absoluta dependencia de ellos.

El mimetismo es un caleidoscopio que refracta la esencia misma de la vida. En este fenómeno convergen la anatomía y la fisiología, el comportamiento y la genética, la ecología y la evolución —todos girando en torno al único imperativo biológico: sobrevivir—. Cada estrategia mimética es un acto de teatro evolutivo donde los actores interpretan papeles vitales: depredador que se hace pasar por flor, orquídea que adopta forma de insecto, virus que mimetiza proteínas hospedadoras. Linneo intuyó esta profunda verdad cuando bautizó a *Ophrys insectifera* —la orquídea mosca— captando en su nombre latino el prodigio de una planta que se disfraza de animal (lámina XLIV). Desde las danzas moleculares de los patógenos hasta los engaños a escala ecosistémica, el mimetismo revela que la vida es, en su núcleo, un diálogo continuo entre el disfraz y la descubierta, donde el premio final es siempre el mismo: otro día de existencia.

Así pues, hablar de mimetismo es hablar de formas de vida, algunas bastante conocidas al menos de manera superficial, pero otras muchas tan alejadas de lo que sabemos que resultan verdaderamente sorprendentes. En las siguientes páginas pretendo relacionar el fenó-

meno de la imitación con diferentes aspectos de las ciencias biológicas, pero no se me escapa que afortunadamente nuestro medio
natural es tan amplio y rico que es imposible abarcar más que una
pequeñísima parte del mismo. Y digo afortunadamente, porque esa
es una de las maravillas de la naturaleza: siempre hay algo que nos
sorprende, algo nuevo que aprender, algo en lo que podemos fijar
nuestra atención.

Se han escrito cientos de miles de artículos y libros sobre el mimetismo, la cripsis y otros tantos fenómenos relacionados. Cada uno de
ellos explica el fenómeno desde una perspectiva, ya sea descriptiva,
evolutiva o etológica, por citar algún ejemplo, y sin embargo, basta
revisar la bibliografía para darse cuenta de que queda muchísimo por
investigar y por comprender. La vida, los seres vivos, interaccionan
entre sí y con el medio en el que se desarrollan. Esto condiciona sus
ciclos, los cambios a lo largo de las generaciones, su comportamiento
o el cómo sobreviven. Si centramos esta idea en el mimetismo, podemos intentar conocer sus bases genéticas concretas, cómo pueden
aplicarse las nuevas teorías evolucionistas para entender este fenómeno, el curso de las relaciones entre las especies implicadas o cómo
afecta el entorno y las condiciones ambientales en el desarrollo de los
mimetas (organismos que imitan a otros).

No pretendo ser exhaustiva, sino más bien mostrar una parte de la
naturaleza que de manera tradicional ha sido relatada de manera descriptiva, y que desde hace unos años se analiza en profundidad desde
el nivel molecular. Sin embargo, creo que exponer ejemplos estudiados desde campos diversos de las ciencias naturales permite un panorama diferente de este fenómeno a menudo espectacular. En realidad
esta idea la fui moldeando con el tiempo, mientras iba leyendo y escri-
biendo a lo largo de los meses. En un momento determinado, me di
cuenta de que la descripción tenía que ir acompañada de algo más, y
gracias a las charlas con mi padre empecé a vislumbrar otro punto
de vista. Si procedemos de antepasados, la evolución en el sentido
de cambio, debía estar presente; si somos lo que somos gracias a los
genes y al entorno, la genética (y epigenética), también; lo mismo si
pensamos en que una especie presenta una distribución biogeográfica
o presenta un comportamiento concreto para simular ser otra. Estos y
otros elementos pueden acercarnos un poco más a comprender diversos matices de la naturaleza en general, y del mimetismo en particular.

Introducción

En la naturaleza existen infinitos ejemplos de comportamientos o apariencias asombrosas, siendo a veces difícil de creer que puedan ser posibles. No resulta fácil, por tanto, elegir un solo aspecto del mundo natural entre los muchos que resultan excepcionales.

El mimetismo y el camuflaje suponen un desafío para los sentidos. Muchos científicos estudian estos fenómenos, y continúan descubriéndose casos que siguen despertando la curiosidad y el asombro. Además, la imitación y la cripsis guardan una estrecha relación, llegando a estar separadas por una línea tan fina, que con frecuencia conlleva un debate acerca de si se trata de uno u otro fenómeno. Decidir cuál de los dos serviría para dar forma a este libro no ha sido fácil, pero finalmente ha tomado protagonismo el fenómeno de la imitación. A lo largo de los capítulos se tratan diferentes dimensiones y ejemplos, que por sí mismos suponen una justificación más que suficiente para esta elección.

Una primera parte comprende aspectos históricos y conceptuales del mimetismo, así como los tipos que existen, según los estudios realizados hasta la actualidad.

A continuación se desarrolla el nexo con el proceso evolutivo en su perspectiva más amplia; no solo se trata de una visión darwinista, sino entendiendo evolución como cambio a lo largo de las generaciones y en correspondencia con el ambiente y las diferentes relaciones que se dan en él.

El siguiente capítulo abarca estudios genéticos cuyo objetivo es entender las bases moleculares de este fenómeno tan complejo. El conocimiento del papel que tienen los genes y la epigenética resulta de gran utilidad para comprender cómo se producen los cambios necesarios para lograr la diferenciación con otras especies incluso próximas, y la similitud con individuos en ocasiones muy alejados taxonómicamente.

Por otro lado, es fundamental no aislar a los individuos o a las especies, del medio en el que viven. Tanto el hábitat como las relaciones con el mismo, así como con otras especies, determinan o al menos influyen en los cambios y adaptaciones que se producen a lo largo de su historia. Ninguna especie se desarrolla de manera independiente, y es por eso que resulta imprescindible comprender en la medida de lo posible las interacciones establecidas.

En el capítulo dedicado al registro fósil se habla de especies que pertenecen a grupos que actualmente también cuentan con ejemplos de mimetismo, pero también otros casos en los que no hay una continuidad en dicho registro. Como ha ido ocurriendo desde el comienzo de la paleontología como ciencia, con toda seguridad con el transcurso de los años se irán descubriendo más casos que permitan aumentar la comprensión de este fenómeno. Mientras tanto, conocer tantos detalles en ejemplares de hace millones de años, resulta realmente interesante.

Aunque a menudo se habla de mimetismo en su forma más básica, si puede considerarse así en relación al aspecto, el comportamiento juega un papel fundamental en muchos casos. La imitación de movimientos y conductas de otras especies puede ser determinante para el éxito. Pero la etología va más allá al implicar otro tipo de engaños, como en el mimetismo vocal. En este caso, el aspecto puede ser desde irrelevante a colaborar con los sonidos emitidos.

En los siguientes dos capítulos se consideran otras especies que muestran mimetismo, con el fin de ampliar la riqueza en ejemplos.

El último capítulo enteramente «mimético» se centra en las plantas y los hongos. Respecto a las primeras, más allá de las hermosas orquídeas, hay muchas especies descubiertas, y otras aún por descubrir, que suponen una llamada de atención hacia nuestra tendencia a centrar las miradas en los animales en muchos casos. Desde hace años, científicos vinculados con el estudio de las plantas están realizando enormes esfuerzos por transmitir que los vegetales también presentan comportamientos y relaciones más allá de las esperadas.

Para finalizar, el libro concluye con una aproximación al camuflaje. Este fenómeno natural, a veces desconcertante, merece ser explorado a través de ejemplos que frecuentemente se encuentran próximos a esa frontera con el mimetismo de la que tratamos al comienzo.

CONCEPTO E HISTORIA
DEL MIMETISMO

El término mimetismo es un neologismo del siglo XIX derivado del griego moderno «*mimetés*», «imitador», y el sufijo «*-ismos*» que aporta al vocablo el significado de «estado, condición o proceso». La etimología de este término puede encontrarse en el adjetivo latino *mimeticus* que deriva a su vez del griego *mimetikos* que significa «imitación».

Los antiguos griegos empleaban los términos «*mimós*» (persona que actuaba como nexo de los dioses) y «*mimeisthai*» (acción de representar a otro) en referencia al cambio de comportamiento de algunos participantes de ciertos rituales, cuando creían encarnarse en otros seres (divinos, animales o de otro tiempo), siendo un concepto más relacionado con la representación que con la imitación. El término derivado «mimesis» se comenzó a emplear en las fiestas agrarias de la antigua Grecia, en relación con el efecto producido por ciertos vinos en la actuación de la gente, y cuyo objetivo era sentir a los dioses. La graduación de algunos de ellos era tan elevada que debían ser muy rebajados con agua para evitar daño cerebral permanente o incluso la muerte. Por su parte, al parecer fue Homero el primero en emplear el término en una de sus obras, en el sentido de imitación. Filósofos como Sócrates, Platón o Aristóteles también hacen uso del término «mimesis» desde la perspectiva de la representación de diferentes aspectos, incluida la representación artística. Mientras que Platón asocia la imitación al engaño o a la mentira, Aristóteles en su *Poética* considera la mímesis fundamental, entendiendo como tal el hecho de imitar a los hombres considerados virtuosos, es decir, que sus acciones eran dignas de ser emuladas. Esa imitación podría ser copiando al protagonista como tal, simulando ser él, o sin que hubiera un parecido, referirse a la acción como tal.

Bajo la luz de los trópicos, Alfred Russel Wallace y su fiel compañero Ali contemplan los bosques de Bacan. En esta remota isla indonesia, entre mariposas que engañan a sus depredadores y escarabajos de caparazón iridiscente, Wallace concibió las mismas ideas que revolucionarían nuestra comprensión de la vida. Hoy, sus figuras en bronce parecen seguir conversando sobre los misterios de la evolución frente al museo que guarda su legado [Danny Ye / Shutterstock].

Desde entonces, la expresión fue empleada durante siglos para referirse a las personas con la capacidad de imitar, como bufones o cómicos. Escritores como Benito Pérez Galdós han considerado la literatura como mímesis de la realidad en la que nos encontramos, lo cual no deja de tener sentido al considerar, por ejemplo, la novela costumbrista o incluso aquella que se inspira en un hecho real.

Sin embargo, no fue hasta la segunda mitad del siglo XIX cuando su uso se extendió a la naturaleza. A pesar de que en 1851 Samuel P. Woodward (1821-1865) utiliza el término «mimético» en su obra *A Manual of the Mollusca*, merece atención especial el naturalista Henry Bates. Gracias al viaje que realizó en 1848 junto con Alfred Wallace al Amazonas y el Orinoco, recopiló casi 15 000 especímenes (la mayoría de ellos insectos), de los cuales casi la mitad eran nuevos para la ciencia. Cuando regresó a Inglaterra en 1859 —Wallace lo hizo en 1852, aunque debido a un incendio en el barco en el que viajaba, perdió la mayor parte de los ejemplares que había embarcado— se dedicó a estudiar el material que había llevado consigo, y en 1862 introdujo en uno de sus artículos el término «*mimicry*» (mimetismo) en relación con el estudio de dos mariposas de familias diferentes pero de aspecto muy parecido (*Heliconiidae* y *Pieridae*). Las primeras son desagradables para las aves cuando son comidas, mientras que las segundas no presentan mal sabor. La semejanza de los colores de ambas familias hace que las de la familia *Pieridae* queden protegidas, ya que las aves no distinguen de cuál se trata. Pero volviendo al concepto en sí, el propio Bates ofreció una doble definición sobre el término «mimetismo»; una de ellas se refiere a la especie engañada, que confunde a un individuo imitador no peligroso con otro tóxico o dañino. La segunda abarca un punto de vista humano, que considera la convergencia del modelo y el imitador. A pesar de que investigó sobre diferentes tipos de mimetismo, es recordado principalmente por el llamado mimetismo batesiano en su honor, pasando desapercibido gran parte de su trabajo.

Más adelante otros autores aportaron su idea sobre el vocablo, como Müller o el propio Wallace, como veremos más adelante. Moynihan, en relación a un mimetismo social, consideró que «todas las convergencias evolucionaron para controlar o canalizar interacciones sociales entre individuos de diferentes especies». La idea común que plantean está centrada en la convergencia, en relación con un parecido homólogo, para dar una explicación funcional. Sin embargo, respecto

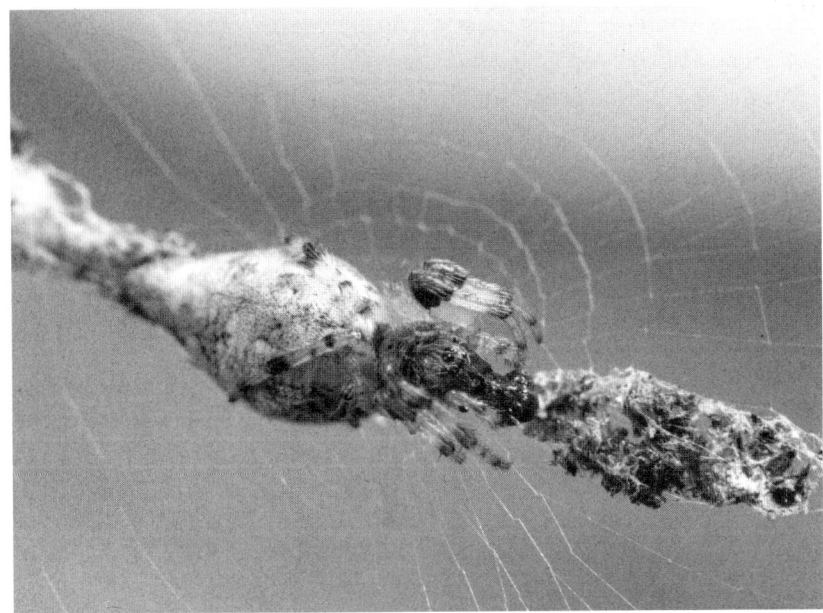

[Superior] Una pequeña araña depredadora aguarda inmóvil en su telaraña, utilizando el mimetismo para confundirse con su entorno y sorprender a sus presas [Milton Buzon / Shutterstock]. [Inferior]: La mantis *Deroplatys lobata* demuestra uno de los camuflajes más perfectos de la naturaleza, imitando no solo el color sino también la textura y movimiento de las hojas secas donde habita [Kurit afshen / Shutterstock].

a la mímica vocal, Armstrong considera que no se da un fenómeno convergente (excluyendo la mímica vocal batesiana) sino de aprendizaje heteroespecífico, aparentemente sin agentes de selección naturales, o al menos no tienen por qué conocerse. Atendiendo a la concepción del término desde un punto de vista más amplio, hay que remontarse hasta 1874, año en el cual el vocablo «mimetismo» —del francés *mimetisme*— apareció en la literatura científica aplicado a la ecología desde un sentido no estrictamente biológico.

W. Wickler en 2013 realiza una revisión muy completa en la cual trata sobre innumerables conceptos relacionados con el mimetismo, así como una profunda reflexión sobre las definiciones aportadas por científicos desde el siglo XIX, y en función de los diferentes tipos. El enorme conocimiento que aportó este autor en su obra *El mimetismo en las plantas y en los animales* (1968) se ve ampliado desde un panorama analítico en dicho artículo. Dado que el objetivo de este libro no es profundizar en los debates en torno al mimetismo, sino conocer la riqueza de esta manifestación de la naturaleza, recomiendo al que esté interesado leer detenidamente esta obra, así como el artículo citado.

Si bien el mimetismo y la cripsis no son exactamente lo mismo, es frecuente encontrar la relación entre ambos términos. De manera general, sin consideraciones técnicas, a menudo se define el mimetismo como la capacidad de un ser vivo para parecerse a otro, como ocurre por ejemplo con la falsa coral (*Lampropeltis triangulum*), o para camuflarse con el medio, como hacen tantas especies de peces planos de la familia *Pleuronectidae*. Sin embargo, solo el primer caso se trataría de verdadero mimetismo, y el segundo sería un ejemplo de cripsis. Este vocablo procede del griego «κρψπτοσ» («*kryptos*») que significa «lo oculto».

Las diferencias principales son dos: por un lado, el mimetismo implica una imitación de otro ser vivo a menudo incluso muy alejado taxonómicamente, así como la búsqueda de una respuesta de otros seres vivos, bien sea para la reproducción, para exhibir colores llamativos que eviten ser comido, etc. Mientras, en la cripsis, el aspecto hace que de forma pasiva se produzca la confusión con el medio para que los individuos puedan quedar ocultos a los depredadores o a las posibles presas.

Por ejemplo, las llamadas chinches asesinas del género *Salyavata* emplean pequeños fragmentos de madera parcialmente digerida que pegan a su cuerpo para atraer a las termitas de las que se ali-

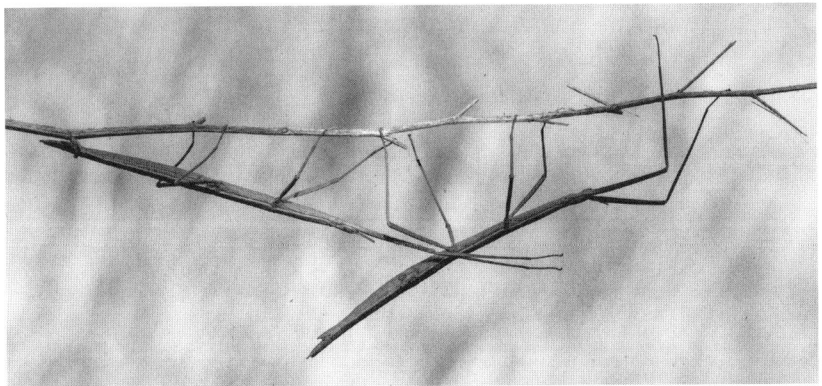

[Superior] Insectos palo, maestros del camuflaje [KarSol / Shutterstock]. [Centro] Rana cornuda de hocico largo, *Megophrys nasuta*, experta en emboscadas se confunde con la hojarasca del suelo del bosque[Norjipin Saidi / Shutterstock]. [Inferior] Guepardo *Acinonyx jubatus* (Namibia). Las manchas de su pelaje rompen su silueta en la sabana, permitiéndole acercarse sigilosamente a sus presas [Marti Bug Catcher / Shutterstock].

mentan, además de utilizar los exoesqueletos de sus víctimas para atraer a otras en su afán de limpiar el entorno del termitero. A pesar de que en ocasiones este tipo de actuación se considera un caso de mimetismo agresivo, parece más lógico clasificarlo como una forma de disfraz, ya que la chinche no busca imitar ningún organismo o parte del mismo, sino «cubrirse» y pasar inadvertido como una parte del medio, por lo que incluso podría considerarse una ocultación en cierta manera activa, pero ocultación en cualquier caso. No obstante, al existir elementos comunes entre los conceptos de los que nos ocupamos, cabe añadir la opinión de algunos autores que incluyen como casos crípticos aquellos en que las especies simulan partes inanimadas del medio en el que se encuentran, considerando como tales desde arena o piedras, a hojas o ramas.

Según lo expuesto, habría que diferenciar aquellos casos en los que tiene lugar la cripsis junto con el mimetismo. Este podría ser el caso de tantas especies del orden de insectos *Phasmida*, que imitan ramas u hojas de especies vegetales donde viven, como también el del anfibio *Megophrys nasuta* al imitar las hojas caídas. Ambas situaciones son diferentes a, por ejemplo, las de los felinos que por sus patrones o la coloración quedan ocultos a sus presas. En el primer caso, claramente existe una semejanza con partes vegetales por lo que se podría considerar un ejemplo más de los que se van conociendo, de imitación entre especies incluso pertenecientes a diferentes reinos. No parece que tenga sentido limitar el mimetismo a imitaciones entre animales —como algunos autores aún sostienen—, examinando la gran cantidad de investigaciones y descubrimientos que se han realizado desde el siglo xix.

A este respecto, García Santibáñez considera el mimetismo como un tipo de camuflaje, aludiendo a una clasificación en tres tipos de mimetismo críptico basado en la naturaleza de la semejanza. Así, el homocromismo implica un color similar al del medio donde habita; el homomorfismo se da cuando hay una similitud con el medio físico donde se posa o se localiza el animal; y la homonimia, que une ambas características, ya que el animal adopta la forma y el color del entorno. En este último caso, si además se une la imitación comportamental, se podría hablar de mimetismo *sensu stricto*.

No obstante lo dicho, y a pesar de que es una clasificación inicial interesante y que debe ser tenida en cuenta, cabe destacar que una vez más presenta limitaciones y requiere aclaraciones. Cuando hablamos de un fásmido, estas indicaciones podrían resultar adecuadas. Sin embargo, al observar, por ejemplo, anuros del género *Dendrobates* o lepidópteros como los *Heliconius,* no se aprecia una imitación ni morfológica ni relacionada con el color del medio donde se desarrolla. Lo mismo puede decirse del cuco, que parasita los nidos de otras aves gracias al parecido de los huevos y de sus propios polluelos con los de las especies afectadas. Y qué decir cabe de las plantas que imitan a otras plantas, por poner otro caso.

Yendo más lejos, muchos autores han tratado de aclarar el concepto que aquí nos ocupa, aportando diferentes puntos de vista y matices, siempre dignos de ser tenidos en cuenta debido a la complejidad y enorme variabilidad de los casos que se van conociendo desde el famoso viaje de Bates. Por ejemplo, Edward Bagnall Poulton (1856-1943) consideraba el mimetismo como una forma de defensa pasiva por ocultación, llegando a publicar un interesante trabajo sobre la coloración en los animales, en el que distinguía entre cuatro tipos de coloraciones explicables como adaptaciones relacionadas con la selección natural (con valor fisiológico directo, coloraciones de protección, aposemáticas o agresivas), además de añadir un quinto tipo relacionado con el cortejo, y por tanto relacionado con la selección sexual (coloraciones epigaméticas).

Al margen de los patrones de coloración, Poulton describió en 1890 por primera vez un tipo de automimetismo en el que una parte poco vulnerable del cuerpo de un animal imita otra más vulnerable para des-

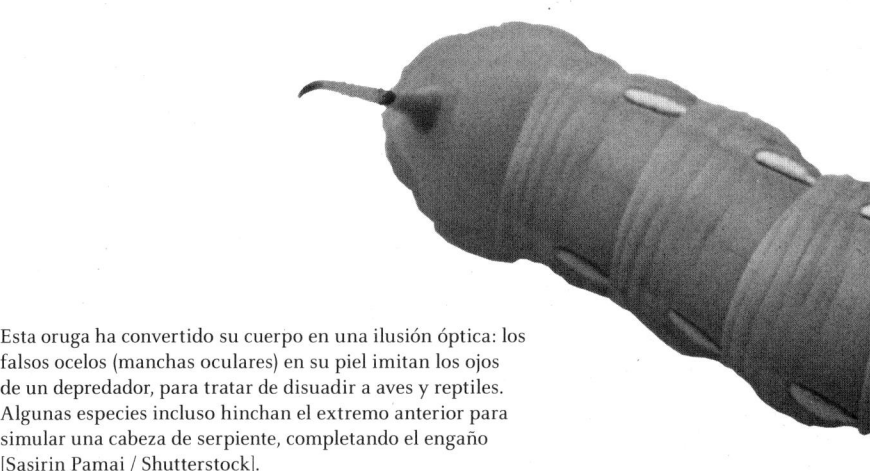

Esta oruga ha convertido su cuerpo en una ilusión óptica: los falsos ocelos (manchas oculares) en su piel imitan los ojos de un depredador, para tratar de disuadir a aves y reptiles. Algunas especies incluso hinchan el extremo anterior para simular una cabeza de serpiente, completando el engaño [Sasirin Pamai / Shutterstock].

pistar a los posibles depredadores (los ocelos posteriores de los peces que imitan los ojos, desviando los ataques de la zona de la cabeza). Sin embargo, una vez más se comprueba cómo gran parte de los estudios, especialmente durante las primeras décadas, se centraban en la coloración en sus múltiples posibilidades, y por tanto en el sentido de la vista.

Ya en tiempos más recientes, se han realizado numerosas investigaciones que tratan de dilucidar los matices diferenciadores que pueden encontrarse entre la ocultación y el mimetismo. En 2006 se publicó en la revista brasileña *Uningá* una revisión bibliográfica donde se aportan muchos datos interesantes, dentro de los cuales cabe destacar una puntualización que puede leerse al comienzo. En ella se distinguen dos modalidades, siguiendo el criterio de diversos científicos: cuando la especie pretende la imitación del fondo (sea otra especie o el paisaje) y cuando la simulación da como resultado la apariencia de otra especie diferente.

Así, cuando por ejemplo un individuo no se distingue entre las hojas de una planta o en un suelo arenoso se trataría de camuflaje, pero si una especie se asemeja a otra, mimetismo. Es más, se añade la interacción entre los individuos mimeta y modelo como característica del mimetismo. Sin embargo, la línea es muy fina. ¿Qué ocurre si las especies implicadas tienen relación entre ellas? Pongamos por caso los llamados «saltamontes liquen», como *Markia hystrix*, cuya apariencia puede confundirse innegablemente con líquenes del género *Usnea*, o el posiblemente aún menos conocido *Dysonia holgeri*.

Ambos podrían considerarse como una evidencia perfecta de camuflaje; si bien, cabe preguntarse si al tratarse de una imitación de un organismo concreto sobre el que se sustentan habitualmente estos ortópteros no debería abordarse como un caso de mimetismo entre grupos taxonómicos muy alejados (un insecto imita una simbiosis de hongo y alga). Surge así un planteamiento a este respecto: ¿la disquisición radica en la proximidad taxonómica entre el imitado y el imitador cuando ambos son seres vivos? Tal vez sería un punto de partida para tener en cuenta, aunque bajo mi perspectiva, se trata de un interesante ejemplo de mimetismo.

Actualmente hay tantas investigaciones sobre el proceso mimético que afortunadamente podemos comprobar que, además de la vista, el resto de los sentidos también son fundamentales en las posibles imitaciones. Se trata, por tanto, de un portento de la naturaleza del que hay mucho que observar y estudiar con detenimiento. Sumado a lo anterior, hay que añadir que la capacidad que presentan muchas especies de imitar a otras es verdaderamente sorprendente si se tienen en cuenta no solo las implicaciones individuales, sino también respecto de los ecosistemas.

Podemos remitirnos al caso de las orquídeas del género *Ophrys* que se asemejan a ciertos insectos (generalmente himenópteros y díp-

El saltamontes liquen, *Markia hystrix*, se funde con los líquenes de los bosques tropicales. Su exoesqueleto, adornado con protuberancias que imitan hongos y pigmentos que replican musgos, desafía la percepción: ¿es un insecto o parte del bosque mismo? [Sapodorado / Shutterstock].

teros), mientras que otras especies como la *Cephalanthera rubra* imita las flores del género *Campanula*, además de coincidir los periodos de floración de ambas, para atraer insectos que resultan engañados, ya que su producción de néctar resulta escasa. En definitiva, tanto por la importancia objetiva de este fenómeno, como por lo increíble que resulta pensar que no solo animales, también plantas e incluso hongos —aunque no hay muchas investigaciones al respecto, sí pueden señalarse algunas especies como *Monilinia vaccinii-corymbosi*— son capaces de engañar los sentidos de otras, merece la pena conocer algo más del mimetismo. A este respecto, como plantea Oliveira, son los defectos en la percepción en los que se basa la capacidad mimética. Más aún, a una escala microscópica, hace años que se viene estudiando la imitación a nivel molecular, cuyas implicaciones sanitarias son dignas de tener en cuenta.

Ni camuflaje ni amenaza: suplantación de identidad. La orquídea no se esconde, se disfraza de lo que su polinizador más desea [Romija / Shutterstock].

Esta elegante orquídea mediterránea engaña a sus polinizadores con un brillante juego de expectativas: sus flores rosadas imitan la forma de las campánulas, pero ofrecen una recompensa falsa. Abejas e insectos, atraídos por el color y la forma, acaban polinizándola sin recibir néctar a cambio. Un ejemplo fascinante de mimetismo en el mundo vegetal [Iliuta Goean / Shutterstock] [Kabar / Shutterstock].

A pesar de que se conoce una enorme variedad de casos, en muchos grupos animales faltan estudios suficientes, de manera que apenas se empieza a esbozar el carácter mimético que presentan. Tal es el caso de los policládidos. Estos gusanos planos marinos exhiben colores aposemáticos, los cuales, unidos a su morfología, hace que puedan confundirse con nudibranquios (las llamadas «babosas marinas»). Lo que se desconoce es si el mimetismo que presentan es batesiano o mülleriano, ya que los nudibranquios también presentan toxicidad. Estos y otros muchos ejemplos demuestran la necesaria reflexión sobre la propia definición de mimetismo a partir de la idea general, así como preguntarse la forma en que pueden clasificarse o agruparse dichas variantes para poder ser entendidas de mejor manera posible.

Sí deben observarse los casos con otros ojos para asegurarnos de que no nos equivocamos o simplemente para no dejar nada por el camino. Siguiendo con los policládidos y nudibranquios, no es difícil aceptar que la percepción sensorial de estos grupos animales, así como de otros vecinos de arrecife con los que mantienen relaciones interespecíficas, es muy diferente a la nuestra, por lo que nuestra apreciación desde el punto de vista del mimetismo tiene necesariamente un sesgo humano que puede disfrazar la realidad.

El aposematismo guarda una estrecha relación con el tema que nos ocupa. El nexo es claro desde el momento en que numerosas especies inofensivas muestran colores llamativos para simular ser especies tóxicas. Posiblemente dos de los prototipos clásicos son las ranas tropicales del género *Dendrobates* (láminas xxii y xxiii), y ciertas serpientes del género *Micrurus*, si bien se han realizado estudios en insectos y aves también. El origen etimológico del término se refiere a la presencia de señales para advertir del peligro desde la distancia (*apo*-lejos, *sema*-señal). Resulta curioso que un animal busque activamente que se le vea precisamente para que los depredadores no deseen comerlo.

El mecanismo se basa en dos premisas: una coloración, olor o sonido que alerte de la presencia de forma evidente y desde una cierta lejanía, y un segundo sistema de defensa químico, morfológico o conductual que suponga un peligro para el depredador. Ambos aspectos implican que debe producirse un aprendizaje por parte del depredador, para poder adquirir una experiencia. Dicha experiencia se ve afectada por diferentes factores, lo que conlleva un mayor o menor éxito en la supervivencia del individuo aposemático. Sin embargo, vamos a detenernos en uno de ellos, y es el relacionado con el mimetismo batesiano y el mülleriano. El primero de ellos se da en individuos no peligrosos que imitan a los aposemáticos que sí lo son, mientras que en el mülleriano los individuos sí tienen cierto grado de peligrosidad aunque sea menor que la del modelo.

Así, cuando la abundancia de individuos aposemáticos y müllerianos es mayor que la de las especies con mimetismo batesiano, es más probable que se produzcan interacciones con presas peligrosas, por lo que se producirá el aprendizaje por parte del potencial depredador. Si las proporciones se invierten, las posibilidades de que el depredador dé con una especie tóxica en cualquier grado, disminuye, y por tanto también lo hará su aprendizaje para evitar cualquiera de las especies.

Dentro de los ejemplos citados anteriormente, habitualmente se suele pensar en los «coralillos» (*Elapidae*) como posiblemente el mejor ejemplo de aposematismo en ofidios, particularmente los géneros *Micrurus* y *Micruroides*. Su aspecto es imitado por especies poco o nada tóxicas, de manera que se estima que hasta el 18 % de las especies neotropicales podrían ser miméticas con estas serpientes. Es probable que uno de los casos más conocidos sea el de la llamada serpiente falsa coral (familia *Colubridae*, género *Lampropeltis*), de la cual se conocen en realidad numerosas especies (unas 90) y subespecies, y que trata de imitar la coloración de la familia *Elapidae* (láminas x y xi).

Superior: La serpiente de coral de Texas, *Micrurus tener,* una especie venenosa con potente neurotoxina. Su patrón de colores rojo, amarillo y negro es una advertencia natural para depredadores [Paul Prints / Shutterstock]. Abajo: La falsa coral de montaña, *Lampropeltis multifasciata,*
especie no venenosa que imita el patrón de coloración de su peligrosa pariente. Este engaño evolutivo (mimetismo batesiano) le protege de depredadores que evitan sus colores de advertencia
[Creeping Things / Shutterstock].

En general mantienen un mismo patrón de coloración (rojo, amarillo y negro) con ligeras diferencias, como la intensidad de los colores o el grosor de los anillos. Entre el imitador y el imitado existen desemejanzas sutiles pero apreciables, como el diferente orden en los colores o si los anillos son completos y comprenden la zona central (coral) o no. A pesar de que según las especies de uno y otro tipo de serpientes puede haber diferentes patrones, los potenciales depredadores visualizan modelos, por lo que en todos los casos se encuentran protegidas.

Observando con cuidado, puede comprobarse que el mimetismo no es perfecto, ya que en la verdaderas corales la cabeza y la cola son negras (en la cabeza puede haber algún tono amarillento), aspecto que utilizan para confundir al enemigo que no sabe cuál es el extremo anterior y cuál el posterior. También en la cabeza, los ojos son de mayor tamaño en las falsas corales, la coloración es pardo-rojiza y la pupila es más alargada. Las verdaderas corales tienen ojos pequeños con coloraciones similares al resto del cuerpo y pupilas redondas. No obstante, como en otros tantos casos que iremos repasando, en caso de duda de si un individuo es peligroso o de mal sabor, lo habitual es buscar otra presa más inocua.

Por si todo esto no fuera suficientemente interesante a la par que complicado, existe un término del que poco se habla porque poco se ha estudiado, pero que guarda una estrecha relación y que añade complejidad a este asunto. La «mascarada», también denominada «camuflaje sin cripsis», supone una situación intermedia. El libro de Ruxton y colaboradores *Avoiding Attack. The evolutionary ecology of crypsis, warning signals, and mimicry*, aborda este concepto y aporta una visión útil para introducirse en este tema, junto con los artículos que poco a poco se van editando.

Lev-Yadun defiende que a menudo no ha sido tenida en cuenta en descripciones publicadas y diferencia entre la mascarada animal y la vegetal. En el caso de animales, estos se asemejan a objetos no comestibles del medio (hojas, excrementos...), siendo a pesar de todo reconocible, a diferencia de lo que ocurre en la cripsis. Por ejemplo, un caballito de mar que imita el aspecto de unas algas es mascarada, mientras que un león en la sabana presenta cripsis. Respecto al mimetismo, la diferencia estriba en si el objeto imitado es interesante para el depredador o no. Cuando una mariposa imita una hoja seca es mascarada, mientras que si imita a otra especie con toxicidad para evitar ser comida por un pájaro, hablamos de mimetismo.

El propio Lev-Yadun revisa casos de vegetales, esclareciendo el por qué se trata de una mascarada, cuando en anteriores estudios no había sido considerado de este modo. Diferencia entre una mascarada defensiva de plantas que no lo parecen (simulan ser una piedra o un excremento, por ejemplo), y una mascarada también defensiva de plantas que imitan partes no apetecibles para los herbívoros (secas, enmohecidas...).

Entre las especies re-evaluadas nos podemos encontrar con aquellas hojas que presentan lo que parecen ser huevos de lepidóptero, y que dan lugar a que las hembras de estos insectos no realicen allí la puesta, eligiendo otro lugar «no ocupado». En ocasiones podrían encontrarse especies en las que coexiste el mimetismo y la mascarada. Por ejemplo, plantas cuyas flores presentan olores nauseabundos, imitan el olor a cadáveres o excrementos para atraer a moscas que depositen sus huevos y así ser polinizadas (mimetismo), pero al tiempo, dicho olor se ha comprobado que rehuye a los herbívoros (mascarada defensiva química).

En realidad, la revisión hecha puede ser un buen punto de partida para averiguar si conviene reconsiderar conceptos clásicos. De hecho, el autor propone, respecto de las plantas, dos tipos de mascarada: clásica, en la que los vegetales imitan objetos no vegetales, y otra, en las que se imiten partes vegetales poco apetecibles para los herbívoros (por estar secas, infestadas por insectos, etc.). No obstante, reconoce la gran necesidad de investigar mucho más en este campo para aclarar y determinar este concepto.

Es precisamente por esta última necesidad por la que el libro se centra en el mimetismo desde su concepción habitual, o clásica, como se prefiera llamar. Con independencia del término que en un futuro se dé a los casos ya conocidos o que estén próximos a descubrirse, estos fenómenos son sorprendentes por sí mismos y no conviene perderse en un debate nominal si conlleva olvidarse del hecho en sí. Por esta razón, se mantiene el término mimetismo sin distinción con el concepto de mascarada.

Superior: Oruga de *Papilio cresphontes*, su apariencia de excremento de ave (mimetismo críptico) la protege de depredadores [William A. Morgan / Shutterstock]. Centro: Dragón de mar foliáceo, *Phycodurus eques*, desarrolla apéndices en forma de algas que lo hacen casi indistinguible del entorno [Dina Gates / Shutterstock]. Inferior: Mariposa hoja india, *Kallima inachus*, cuando cierra sus alas se transforma mágicamente en una hoja seca: venas marcadas, bordes irregulares e incluso manchas de hongos completan el disfraz. Es uno de los ejemplos más perfectos de mimetismo en el reino animal, confundiendo incluso a observadores humanos [Golfza.357 / Shutterstock].

El monstruo de *The Thing* (1982) representa el mimetismo definitivo: un organismo alienígena que asimila y replica perfectamente cualquier forma de vida que toca. Una usurpación grotesca de identidades, donde cada célula se convierte en una amenaza potencial. John Carpenter convirtió este concepto en una pesadilla paranoica sobre la imposibilidad de reconocer al «otro»... o a uno mismo [Cartel promocional. Universal City Studios].

TIPOS DE MIMETISMO

Si pensamos en lo que conocemos, a menudo es más fácil entender cómo funcionan otros aspectos de la vida. Estamos rodeados de películas, series, historias... entonces, como punto de partida podemos fijarnos en el mundo cinematográfico. No es raro encontrar en la ciencia ficción seres con cualidades asombrosas, siendo a menudo lo que cautiva al público. Pero si nos paramos a mirar con algo de detenimiento, no parece que sea casualidad el parecido con especies que existen en la Tierra sin necesidad de que vengan en una nave o los «fabrique» un científico con la subvención de una empresa.

En *The Thing* de John Carpenter (1982), un ser extraterrestre es capaz de imitar cualquier organismo a nivel celular, pero no puede hacer lo mismo con la materia inorgánica. Algo parecido ocurre en *Species* de Roger Donaldson (1995). En ambos casos, el éxito fue tal que continuaron las sagas o se recurrió al personaje en otras historias. Aunque en realidad, esta idea lleva en la mente de los escritores mucho antes, como se comprueba en *La invasión de los ladrones de cuerpos* de Don Siegel (1958) o su posterior versión, *La invasión de los ultracuerpos*, de Philip Kaufman (1978), ambas basadas en la novela de Jack Finney.

También en la cultura popular y en las leyendas se pueden conocer miles de historias en las que un animal o una planta se transforma en otra. No deja de ser un tipo de imitación, desde luego más radical que la mayor parte del mimetismo conocido, al menos en cuanto a la rapidez de los cambios, pero la base es la misma. Un ser imita a otro para conseguir algo. Pensemos en Zeus, que siendo dios del Olimpo tiene que transformarse en cisne para seducir a Leda (o aprovecharse, según las versiones). No hay que olvidar que Leda es una humana, lo cual de por sí ya resulta algo extraño, porque si no quería ser reconocido, era más fácil (y normal) cambiar su aspecto humano. Pero eso es otra historia.

Esta escultura contemporánea de Leda y el cisne revive en bronce la seducción de la reina espartana por Zeus transformado en ave [Primi2 / Shutterstock].

En la mitología de cualquier parte del mundo es recurrente esta transformación de humanos en animales o viceversa (total o parcialmente), hasta el punto de que existen diversos términos para designar este hecho, como teriomorfismo, teriantropía, seres cambiantes, transformadores o metamorfos. Habría que distinguir cuando hay una transformación voluntaria para huir, acercarse o cualquier otro fin concreto, del hecho de que una maldición o un ser superior transforme a un humano en animal o planta.

En todo caso vemos cómo la idea de las transformaciones físicas forma parte de nuestra cultura tradicional y actual. También pueden encontrarse en las leyendas locales, casos de imitación de voces y desde luego de comportamientos. Esto las madres se lo saben muy bien, cuando tienen que mediar entre los hijos cuando discuten porque uno imita al otro. Cuando somos adultos, a menudo gusta al envolverlo en admiración pero, de nuevo recurrimos a las películas, cuando la imitación conlleva una suplantación resulta menos agradable.

Pues esto que tanto nos distrae en nuestro tiempo de ocio, lo encontramos en el mundo real en la naturaleza como vamos a ver.

A pesar de los numerosos tipos de mimetismo que existen, algunos han sido muy estudiados pero la mayor parte de ellos se han visto relegados a un segundo plano. De hecho, no fue hasta 1968 cuando el zoólogo alemán Wolfgang Wickler realizó un estudio exhaustivo sobre el mimetismo, cien años después de los realizados por Henry Bates tras su viaje al Amazonas.

Diversos autores explican el olvido de los tipos menos estudiados por la dificultad en su clasificación, pero además existe otra circunstancia, y es que no hay un consenso total en cómo ser consideradas ciertas relaciones interespecíficas. La imitación de colores, sonidos, olores, formas o movimientos parece claro que suponen una recreación bien del medio, bien de otras especies. Sin embargo, parece pertinente ampliar esta posibilidad, ya documentada, por ejemplo respecto a los ultrasonidos que relacionan murciélagos y polillas, o a las diferentes coloraciones que adquieren las flores vistas con luz ultravioleta, y que guardan relación con los polinizadores que acuden a ellas. Según esto, podría considerarse al mimetismo como la capacidad de imitación de algún aspecto de un organismo por parte de otro (con el que puede no guardar relación taxonómica alguna), para procurarse una ventaja. Así, partiendo de esta idea, se comprenden las múltiples posibilidades que hay para clasificar este fenómeno.

Se han realizado diversos estudios sobre el mimetismo en los que se encuentran ejemplos siguiendo cierta catalogación, o incluso verdaderas revisiones sobre el tema, como la elaborada por Georges Pasteur (1930-2015) y que supone una importante recopilación de datos relacionados precisamente con la clasificación y las dificultades que existen. No obstante, con frecuencia se actualiza la documentación científica con nuevos ejemplos, lo cual ha llevado a facilitar el conocimiento acerca de ciertas relaciones miméticas pero, por otro lado, también se han abierto nuevas vías de estudio.

En referencia a esto último se puede poner un ejemplo bastante intuitivo. De forma en principio sencilla, podríamos desarrollar una clasificación en función de los sentidos engañados, pero entonces quedaría excluido el mimetismo molecular actualmente plenamente demostrado, por poner un ejemplo. En 1995, el biólogo E. M. Barrows se basó en los estudios de Pasteur para determinar siete grupos miméticos: por función, por cambiabilidad, por el número de individuos

implicados, por franqueza, respecto a sí mismo, por percepción-imper-
cepción de la presa, y por concreción del modelo. A su vez, Oliveira,
en su revisión de 2006, establece una organización basada en el criterio de diversos autores. Así, se considerarían tres tipos de mimetismo:

Litografía inspirada en la película de 1987, *Predator*
[J.J. Lendl / Dark Ink Art & 20th Century Fox].

— Topomórfico: cuando un animal imita los objetos que le rodean, la apariencia o el color del medio ambiente. Como el personaje de la película *Predator*.

— Fitomórfico: cuando el animal se parece a plantas en las que se encuentra. En la mitología hay unos seres que pueden recordar a estas especies, conocidos como *leshi* en Rusia, y *lusovik* en la mitología ucraniana.

— Zoomórfico: cuando el animal se parece a otros de otras especies. Algo así hacía el dios griego Proteo para que los humanos no le encontraran y le obligaran a adivinar el futuro.

Al mismo tiempo, cada uno de estos tipos puede darse por una semejanza en la forma, en el color o ambos. Cuando el mimetismo es de forma, se llama homotípico, homomórfico, isotípico o isomórfico; si es de color, se llama homocromático.

Se puede retomar entonces la discusión que nos ha ocupado casi desde el comienzo. En el primer caso, el topomórfico, muchos autores pueden defender que una imitación del medio es claramente una situación de camuflaje. En el segundo, podemos recordar, por ejemplo, los saltamontes liquen o geckos imitadores de hojas secas; ¿es entonces mimetismo cuando taxonómicamente hay tanta distancia taxonómica entre el organismo modelo y el imitado? Más aún, estos últimos tipos sólo harían referencia a los animales imitadores.

Precisamente por estas circunstancias tal vez puede ser interesante volver al espíritu de los naturalistas clásicos, quienes describían de manera minuciosa todo aquello que veían o caía en sus manos. Cuantas más entidades o características se tienen en cuenta, mayor es el número de posibles ordenaciones que pueden realizarse y se necesita considerar cómo encajar los nuevos tipos de imitación, incluso ampliando las categorías. Las clasificaciones basadas en la función, el sentido implicado, la durabilidad, etc., son verdaderamente interesantes desde un punto de vista científico, siempre y cuando no se caiga en el mero listado de especies que presentan una determinada cualidad, pero hay que tener en cuenta que reducir la naturaleza a listas de nombres no permite que la población desconocedora de dichos listados pueda implicarse y anhele protegerla.

Uno de los papeles más importantes que tenemos quienes amamos los diferentes aspectos de la vida es «contagiar» de ese entusiasmo, y eso no es posible mediante nombres y como mucho una somera expli-

El gecko satánico de cola de hoja, *Uroplatus phantasticus*, en su hábitat endémico en la selva de Ranomafana (Madagascar), su cuerpo descompone su silueta con flecos dérmicos que imitan vegetación en descomposición [Damian Ryszawy / Shutterstock].

cación uno a continuación del otro. En este caso, es cierto que lo que a menudo importan son los datos, de la misma manera que las obras en las que aparecen tablas de presencia-ausencia de especies son fundamentales y no por ello se dedica espacio a más literatura. Pero cabe aquí distinguir entonces el tipo de investigaciones; es decir, si el objetivo de realizar una clasificación válida y aceptada es para consultar, encajar nuevos estudios en tipos ya conocidos... entonces la utilidad es indiscutible. Mas si de lo que se trata es de conocer en el sentido más amplio de la palabra la naturaleza, la biodiversidad que tiene nuestro planeta, entonces quizá la atención debemos dirigirla de nuevo a un mayor detalle en la descripción, deteniéndonos en recrearnos en el fenómeno en sí, cómo es, por qué sucede, cómo se ha producido...

Es entonces cuando posiblemente sea más fácil encontrar ese punto común con otros ejemplos miméticos que nos permitan la clasificación que en el fondo tanto se necesita. En todo caso, hay que tener en cuenta que las clasificaciones y niveles de complejidad de muchas actividades de la naturaleza las definimos, clasificamos y evaluamos según conceptos puramente humanos, ontológicos o simplemente prácticos. Sin embargo, en la naturaleza no siempre actúa la lógica, aparentemente.

Continuando con la idea de organizar de alguna manera las múltiples posibilidades que encontramos en los organismos mimetas, y tratándose de un tema complejo, posiblemente lo más fácil es empezar con lo más amplio e ir reduciendo a lo concreto. Se ha hablado anteriormente de la diferencia que existe entre el mimetismo molecular respecto al que puede encontrarse en relación con los organismos propiamente dichos. Y es precisamente este un buen punto de partida. Así pues, existen tres niveles de organización que pueden ser tenidos en cuenta que son el colectivo, el individual y el molecular.

Este último hace referencia a la similitud que presentan dos moléculas antigénicas. Si esta situación se da entre una molécula de un organismo patógeno y una propia, cuando el sistema inmune actúe lo hará contra el microorganismo pero también contra el hospedador desatándose de esta manera una respuesta de tipo autoinmune. Evidentemente este no es el objetivo del patógeno, sino «disfrazarse» para evitar las defensas, lo cual realiza a nivel molecular. Es el caso de virus, bacterias o protozoos como *Plasmodium*.

En un extremo opuesto y más amplio, son conocidos desde hace décadas los casos de especies que de manera grupal simulan algo diferente, como es el caso de las larvas de *Hypsa monycha* que tratan de imitar un fruto, o el del hemíptero *Umbonia spinosa* (así como de otros membrácidos) que suele vivir en grupos a veces muy numerosos y que simulan las espinas de un tallo. El coleóptero *Meloe franciscanus* vive en zonas desérticas del sudoeste de Estados Unidos. Las hembras ponen aproximadamente mil huevos en plantas herbáceas, que eclosionan de manera simultánea, de forma que se reúnen en el extremo del tallo dando lugar a un solo «cuerpo» ovalado oscuro y móvil, capaz de engañar a los machos de abejas solitarias de la especie *Habropoda pallida*, que se aproximan creyendo que se trata de una hembra. A pesar de no serlo, se acerca lo suficiente para que las larvas puedan adherirse a él ya que, al parecer, también se produce un cierto engaño químico al secretar una falsa feromona. Cuando encuentra una hembra de su especie, dichas larvas se unen a ella durante el apareamiento, para aprovechar las reservas y los huevos presentes en el nido de esta abeja.

En cualquiera de estos casos, la apariencia se consigue gracias a la presencia de bastantes individuos y nunca de uno solo. En ambas situaciones sería interesante valorar si se produce un efecto de grupo para que adquieran estas características, o si se produjo en generaciones pasadas y lo que se observa actualmente es el resultado estabilizado.

Schistocerca gregaria, en diferentes etapas de crecimiento y fase [Eric Isselee / Shutterstock].

El efecto de grupo considerado en su aspecto más amplio, es conocido por los entomólogos desde hace ya mucho tiempo, y se refiere a los cambios morfológicos y/o fisiológicos que se dan en los individuos cuando se produce un aumento de la densidad de población. Popular es el caso de la langosta del desierto (*Schitocerca gregaria*), cuyo aspecto y comportamiento cambian radicalmente cuando se juntan tres o más individuos. Dicho cambio se mantiene en la descendencia, debido a que las hembras transformadas depositan huevos cuya espuma contiene levodopa, molécula que desencadenaría una cascada de reacciones que modificarían la fisiología de la generación en curso.

Existen otros muchos casos en los que la presencia de numerosos individuos frente a los solitarios, da como resultado una modificación en el aspecto, el crecimiento, el comportamiento, etc. Así, las descripciones de los estudios y los resultados obtenidos con especies tan comunes como *Gryllulus domesticus* o *Blatella germanica*, o las mariposas *Pieris brassicae* o *Saturnia pavonia*, demuestran la influencia de unos individuos sobre otros. Si bien es cierto que estas especies no son miméticas, quizás podría ayudar a desentrañar qué ocurre con las especies que sí lo son de forma grupal. Tal vez los cambios epigenéticos afectaron a especies como *Hypsa monycha* o *Umbonia spinosa*, de manera que la selección favoreció al grupo frente al individuo.

Situación diferente es cuando es un solo individuo quien presenta el mimetismo de forma que no necesita de ningún otro para conseguir su objetivo de camuflaje o de imitación. Puede pensarse en el gran pez signátido *Phycodurus eques*, cuyos apéndices de aspecto foliáceo imitan de manera exquisita las algas del entorno; pero por no centrar los ejemplos siempre en el aspecto visual, merece la pena destacar casos del mundo vegetal como *Symplocarpus foetidus* o la enorme *Amorphophallus titanium*. En ambos casos el repugnante olor que emanan imita algo que podría describirse como un animal en estado de putrefacción. Lo habitual es que las flores huelan bien precisamente por esa función atractiva que tienen para ser polinizadas; sin embargo esto no resulta lógico si los principales polinizadores son moscas y escarabajos que sienten atracción por restos cadavéricos.

Además de los niveles de organización, en los estudios puede tenerse en cuenta el sentido «engañado», el objetivo que se pretende, si se trata de un mecanismo activo o pasivo, la relación taxonómica entre el imitador e imitado, etc. A su vez, estas nuevas clasificaciones no tienen por qué ser excluyentes, por lo que en definitiva se aumenta la concreción y por tanto el conocimiento profundo de cada caso.

Saturnia pavonia. Esta espectacular polilla, conocida como pavón real o pequeña emperadora, despliega sus ocelos con iridiscencias azuladas como advertencia para depredadores. Los machos (en la foto) se distinguen por sus antenas plumosas que detectan feromonas femeninas a kilómetros de distancia, mientras que las hembras, más robustas y pálidas, esperan inmóviles en la vegetación [Harvy Matters / Shutterstock].

Sea cual sea el criterio de clasificación empleado, para hablar de mimetismo deben existir los siguientes elementos:

— El modelo de quien se copian las propiedades;
— las señas características de la especie modelo;
— la especie plagiadora o imitadora;
— y la especie que percibe las señales, el estímulo.

Hay que tener en cuenta que cada uno de estos elementos implican variaciones que deben ser consideradas. El modelo puede ser una especie peligrosa que sirva para «proteger» a la especie indefensa, o todo lo contrario, ya que puede ser una imitación de individuos inofensivos o incluso beneficiosos que permitan la aproximación de los depredadores. De la misma manera, la «parte» imitada se relaciona directamente con el sentido con la que se percibe, y puede ser extremadamente variable.

Recalde y San Martín publicaron en 1995 un interesante artículo sobre las defensas químicas de los insectos en el que, a partir de unas observaciones de campo, indican los pasos que pueden seguirse para deducir si hay o no mimetismo que relacione las dos especies consideradas, y en el primer supuesto, de qué tipo se trata. Así, se plantean cuatro hipótesis: la primera en la que la semejanza y coincidencia espacio-temporal es meramente casual; la segunda aportando razones para considerar un mimetismo batesiano; la tercera de la misma manera defendiendo la posibilidad de mimetismo mülleriano; y la cuarta, que contempla que ninguna de las anteriores es correcta y por tanto que habría que pensar en otra situación. Aunque se centra en los tipos principales de mimetismo, el procedimiento que sigue podría emplearse para otros escenarios, en particular si se desarrollara para lograr una mayor efectividad en las deducciones realizadas. Basándonos en este planteamiento de estos autores, vamos a conocer los tipos de mimetismo fundamentados en los diferentes conceptos desde el comienzo de estos estudios, incluyendo el automimetismo como situación especial por no buscar el parecido con otra especie.

Amorphophallus titanum, el espectáculo efímero de la flor más grande del mundo. Esta rareza botánica, conocida como flor cadáver, despliega su inflorescencia de hasta 3 metros de altura en un evento fugaz (24-48 horas). Su apodo proviene del hedor a carne putrefacta que emite, una estrategia para atraer a sus polinizadores: moscas carroñeras y escarabajos necrófagos [Harvy Matters / Shutterstock].

MIMETISMO BATESIANO

Henry Walter Bates (1825-1892) fue un naturalista británico que pertenecía a la clase media. Siendo joven, conoció al también naturalista Alfred R. Wallace (1823-1913), y en 1848 decidieron viajar hasta el Amazonas para estudiar su fauna. Bates aprovechó dicho viaje para recolectar numerosos ejemplares de mariposas de diferentes especies, así como datos acerca de su comportamiento, llegando a conclusiones de gran interés particularmente en lo que a la imitación se refiere. De hecho, suele hablarse de él como el padre del mimetismo ya que en 1862 publicó un artículo sobre el mimetismo y la imitación de una especie de otras formas de vida o de objetos del medio, y en el cual explicaba cómo una especie de mariposa amazónica de la subfamilia *Dismorphiinae* evolucionó hasta adquirir la coloración de otra especie totalmente diferente (subfamilia *Heliconiinae*) para no resultar presa de las aves. Proporcionó así, además, la primera confirmación de la teoría de la evolución de Darwin.

Este modelo, al cual da nombre, trata de una relación entre una especie inofensiva que imita a otra, peligrosa o de sabor desagradable (el modelo). Cuando un depredador ha intentado alimentarse de la especie modelo, aprenderá (siempre y cuando sobreviva) que determinados patrones de coloración y/o morfologías deben ser evitados. La especie mimética se encontrará a salvo frente a esos mismos depredadores, que no pueden reconocer frente a cuál se hallan. No obstante, este mecanismo presenta mayor efectividad cuando existe una baja proporción de individuos mimeta, al reducir la posibilidad de que un depredador aún sin experiencia se alimente de uno de estos ejemplares en lugar del organismo modelo. Es esta situación, al no haber peligro ni sabores desagradables, la tendencia será la de seguir alimentándose de la misma manera, resultando inútil la imitación.

Supone un tipo de adaptación de ámbito local, ya que los individuos imitadores estarán a salvo de los depredadores si estos han aprendido o evolucionado para evitar aquellos patrones a los que copian y que se localizan en su área de actividad. Sin embargo, la variabilidad es muy amplia, especialmente si se consideran especies más allá de las más típicas como los pares de mariposas *Hypoleria aureliana - Ithomeis aurantiaca* u *Oleria estella - Pheles heliconides*, (especie imitada - especie imitadora) por citar algún caso.

Mimetismo mülleriano

Johannes Friedrich Müller (1822-1897), llamado Fritz Müller, fue un naturalista alemán que emigró a Brasil en 1852. Dentro de su extensísima obra (publicó casi 250 artículos) interesa destacar, los trabajos realizados en torno a 1870 y 1880. En ellos se centró especialmente en explicar el por qué especies diferentes pero que tienen en común que son peligrosas o no comestibles, presentan patrones de coloración similares. Se trata en realidad de una relación de mutualismo ya que todas las especies se pueden ver beneficiadas.

En el caso de que un individuo ataque a alguno de una de estas especies, siempre y cuando no muera, aprenderá que cuando vea ciertas coloraciones no debe alimentarse de esos animales. El daño, o incluso la muerte, de algunos individuos favorece a todos los demás sean o no pertenecientes a su misma especie, y cuanto más eficaz sea la señal de aviso, mejor será la ventaja frente a los posibles depredadores. Además, el provecho para las diferentes especies aumenta cuantos más individuos hay, ya que se fomentan las interacciones con los depredadores minimizándose la posibilidad de querer repetir la experiencia desagradable al haber oportunidades del aprendizaje de aquellos patrones que deben ser evitados. Las diferentes formas se corresponden a su vez con poblaciones locales o de regiones geográficas concretas, lo que facilita el aprendizaje por parte de los depredadores.

A diferencia de Bates y Wallace, Müller fue más preciso con las características de este fenómeno y lo describió con detalle, publicando sus investigaciones sobre el aprendizaje de los depredadores acerca de la posible toxicidad de sus presas, en 1878. Pero además Müller había realizado estudios de matemáticas en Alemania, y puede considerarse que en sus investigaciones sobre mimetismo aparecen posiblemente los primeros modelos matemáticos en la biología evolutiva, llegando a ser considerado como uno de los pioneros de la biología matemática. Entre otras interesantes deducciones, la teoría predice que las especies menos abundantes evolucionarán para imitar un modelo más frecuente o que presente una mejor defensa de los individuos.

A pesar de que el naturalista basó sus investigaciones en la fauna tropical, especialmente en lepidópteros, el mimetismo mülleriano ha sido observado fuera de esta fauna y de dicho ecosistema. Sin embargo existe una diferencia ciertamente considerable, y es que en zonas templadas los patrones que presentan las diferentes especies son semejantes pero en modo alguno muestran la enorme exactitud que se observa en muchos casos de especies tropicales. Al parecer, podría tener que ver con el grado de peligrosidad, de tal manera que los individuos tropicales presentan a menudo un sabor muy desagradable pero la fauna de regiones templadas puede ser peligrosa en mayor o menor medida como es el caso del género *Bombus*, u otros himenópteros como *Polistes*, *Vespa* o *Mutilla*, entre otros muchos de estos grupos.

Evidentemente esto podría ser coherente en insectos o incluso otros invertebrados, pero debe excluirse de este razonamiento el caso de vertebrados como las ranitas de los géneros *Dendrobates*, *Oophaga* o *Phyllobates*, de gran toxicidad. Estos aspectos deben seguir siendo estudiados ya que, a pesar de que el mimetismo mülleriano se ha descrito en especies de muy variados grupos taxonómicos, los estudios en lepidópteros son eminentemente mayoritarios, especialmente en el género *Heliconius* (que cuenta con 43 especies) y en la tribu *Ithomiini* (con 393 especies).

Los diversos ejemplos, que por otro lado se van a ampliar a lo largo de los siguientes capítulos, resultan aparentemente incuestionables. Y digo aparentemente porque hay botánicos que consideran que el mimetismo mülleriano no existe ya que se trataría simplemente de una evolución convergente en un mismo entorno. Dado que la duda surge desde el punto de vista de los vegetales, tal vez habría que considerar si este tipo de imitación es exclusivamente animal, o si por el contrario, faltan investigaciones en el reino vegetal que corroboren la presencia de estos pares de modelo-imitador. Y posiblemente esto sea lo que ocurra, si bien hay casos estudiados, como el de tres especies frecuentes en bordes de carreteras tropicales americanas, que

Himenóptero de la familia Mutillidae, conocidos como hormigas de terciopelo [Harvy Matters / Shutterstock].

en conjunto presentan mimetismo mülleriano y batesiano (si bien parece que la polinización observada en conjunto o por separado, no parece diferir, por lo que estudios de otras regiones resultarían interesantes para realizar una comparación ecológica). Se trata de *Lantana camara*, *Asclepias curassevica* y *Epidendrum radicans*. Las tres comparten hábitat y polinizadores. Así, las dos primeras, buenas productoras de néctar, presentan mimetismo mülleriano entre ellas, mientras que *E. radicans* es un imitador batesiano de las anteriores.

En este punto cabe introducir un concepto que relaciona las formas de mimetismo recién descritas. Se trata de los llamados «complejos miméticos» o «anillos miméticos», que tienen lugar cuando en un grupo de especies con un patrón de coloración similar, existen algunas con toxicidad y otras sin ella, coexistiendo el mimetismo mülleriano y el batesiano. A este respecto, existe información en numerosos artículos que tratan sobre lepidópteros, sin embargo, uno de los más clarificadores estudia varios anillos miméticos desde la perspectiva de la imitación, pero también del comportamiento. Las especies pertenecientes a los diferentes anillos se entremezclan durante los vuelos diurnos, durante el reposo las especies co-imitadoras (es decir, las que presentan una abundancia similar) tienden a permanecer de manera gregaria ente ellas, existiendo una mayor estratificación o diferente distribución de las áreas de descanso respecto a las especies de otros anillos miméticos.

Flores de *Epidendrum radicans* [Jim Brown Photography / Shutterstock].

Echinochloa colona [Fatimah Ashr / Shutterstock].

Oryza sativa [Eko Budi Utomo / Shutterstock].

MIMETISMO VAVILOVIANO

Llamado así en honor al botánico y genetista Nikolai Ivanovich Vavilov (1887-1943), quien realizó investigaciones sobre los cultivos, tanto desde una perspectiva botánica y de la agricultura, como desde la genética, gracias a su variada formación. Realizó expediciones científicas por todo el mundo para recoger semillas y aumentar la diversidad genética de los cultivos del territorio ruso para evitar las grandes hambrunas que tantas veces habían afectado a su país. Paradójicamente, caído en desgracia por el régimen, murió de hambre en un gulag sin que su propia familia lo supiera hasta después. No fue el único, ya que varias de sus colaboradores murieron protegiendo las casi 400 000 semillas que habían almacenado y conservado. Pudiendo aprovecharlas para alimentarse, murieron de hambre para que las generaciones futuras pudieran salvarse.

De manera general puede decirse que este tipo de mimetismo relaciona plantas consideradas «malas hierbas» o «maleza» con plantas cultivadas, de tal forma que las primeras adquieren un aspecto similar a las segundas, pasando desapercibidas en mayor o menor medida quedando protegidas junto con la siembra. Se trata, por tanto, de una situación en la que se encuentra directamente implicado el ser humano. Un buen ejemplo es el género *Echinochloa*, con especies como *E. colonum* o *E. oryzoides*, de aspecto similar al arroz (*Oryza sativa*) por lo que es común encontrarlas en los cultivos. A pesar de tratarse de géneros distintos, presentan un aspecto que lo hace muy difícil de diferenciar del verdadero arroz, llegando a suponer un problema de gran envergadura en los arrozales.

La crítica puede surgir si se considera que el aspecto es similar simplemente por desarrollarse en un mismo medio y a partir de un ancestro común. Incluso que las diferencias se han dado por una selección artificial por parte de los humanos. Si bien es cierto que en parte es así (las formas cultivadas son más grandes que las silvestres, de manera total o parcial), para aceptar que dos especies mantienen entre sí este tipo de relación de imitación, debe haber una evidencia de la evolución de las formas silvestres hasta las cultivadas.

MIMETISMO DE MERTENS O EMSLEYANO

El herpetólogo M. G. Emsley propuso en 1966 este tipo de mimetismo como el específico entre las serpientes coral y los coralillos. Daba así una explicación al planteamiento surgido a raíz de los estudios del también herpetólogo Robert Mertens (1894-1975) quien investigó en 1956 cómo una especie agresiva o peligrosa imita a otra que lo es en menor medida.

Posteriormente, Wolfgang Wickler desarrolló más estas ideas, nombrando a este tipo de imitación en honor a su primer investigador, Mertens, quien falleció a los 80 años tras la mordedura de una serpiente venenosa (*Thelotornis capensis*) que tenía en casa como mascota y a la que estaba alimentando. Durante los 18 días que estuvo agonizando, escribió un diario en el que describía lo que sentía y lo que iba sucediendo. Según él, era el mejor final para un herpetólogo.

Con sus vibrantes anillos rojos, amarillos y negros (los anillos rojos siempre están flanqueados por amarillos, a diferencia de sus imitadoras inofensivas), esta elápida es uno de los reptiles más venenosos de Norteamérica. Su potente neurotoxina (similar a la de las cobras) puede paralizar el sistema nervioso en horas, pero su naturaleza tímida la hace raramente agresiva. [Scott Delony / Shutterstock].

Poco frecuente, la ventaja en realidad es bastante evidente si se piensa en un ejemplo general. Si un depredador ataca a un animal peligroso y le supone la muerte, ninguno de los dos llegará a sobrevivir. Sin embargo, cuando un depredador ataca a una especie algo tóxica o desagradable pero no mortal, al haber sobrevivido podrá evitar otros ejemplares cuando se tope con ellos. De esta manera, ambos sobreviven.

Si por ejemplo una serpiente muy venenosa se asemeja a otra menos peligrosa, tiene más posibilidades de sobrevivir. Esto es lo que observó Mertens cuando estudió lo que ocurría con los coralillos de los géneros *Simophis, Lampropeltus* o *Plicerus* (inofensivas) y *Micrurus* (muy venenosa), imitadoras de los modelos moderadamente venenosos de los géneros *Rhinobothryum* o *Pseudoboa*.

Cabe resaltar que existe una sutil diferencia con el mimetismo de Peckham del que se habla a continuación, ya que en ambos casos una especie agresiva o peligrosa imita a una indefensa o de menor peligrosidad. La clave radica en el objetivo final de dicha imitación.

MIMETISMO AGRESIVO O DE PECKHAM

G. W. Peckham (1845-1914), junto con su mujer Elizabeth (1854-1940), suponen un matrimonio realmente llamativo, y tal como escribió su hija sobre sus padres: «fue uno de esos matrimonios perfectos de mentes y corazones». Fueron investigadores, educadores, viajeros... e introdujeron el darwinismo en las escuelas estadounidenses, además de realizar amplios estudios taxonómicos, entre otros campos de investigación. Por su parte, Elizabeth se especializó en las coloraciones y otros rasgos de las arañas dando como resultado una interesante revisión de este tema en 1889 (*Protective resemblances in spiders*, publicado por la Sociedad de Historia Natural de Wisconsin).

En 1883 George Peckham describe cómo una especie peligrosa para otras, muestra una apariencia inofensiva o poco peligrosa para pasar inadvertido y lograr una mayor proximidad a sus presas potenciales. A partir de estas observaciones, Edward B. Poulton (1856-1943) establece en 1890 el término «mimetismo agresivo», empleándolo

Araña imitadora de hormigas, *Myrmarachne plataleoides* [Zety Akhzar / Shutterstock].

para especies animales que se parecían a otras no peligrosas, para abordar a sus presas sin alejarlas, como ocurre en arañas que imitan hormigas y otros grupos taxonómicos.

Típico de especies depredadoras o parásitas, el mimetismo agresivo supone un aspecto o la presencia de señales de diferente naturaleza, que son comunes a especies no peligrosas. De esta manera, aparentemente el individuo no supone una amenaza para otro, por lo que no solo no se aleja, sino que incluso puede acercarse atraído por algo llamativo. Recuerda al *phishing*, o lo que es lo mismo, cuando recibimos un correo electrónico de una entidad segura como una ONG, un banco, etc. y que en realidad viene de ciberdelincuentes que quieren robarnos datos personales o financieros desde nuestros dispositivos. Así, abrimos un correo «seguro» que en realidad contiene archivos infectados o redirige a páginas fraudulentas.

En la naturaleza, este sería el caso de las especies que muestran un señuelo que puede ser bioluminiscente como ocurre en peces abisales, o el caso de la luciérnaga *Photuris versicolor,* que atrae a machos del género *Photinus* (también perteneciente a la familia *Lampyridae*) imitando las combinaciones de luz específicas de respuesta femeninas, de hasta once especies diferentes, para poder devorarlos; ciertos animales son capaces de manifestar alguna parte anatómica que resulte similar a algo de lo que puede alimentarse su presa, como ocurre en la llamada tortuga caimán, *Macrochelys temminckii.*

Otro ejemplo llamativo de mimetismo de Peckham es el presentado por el bivalvo *Lampsilis ovata.* Esta especie norteamericana imita con sus vellosidades la apariencia de un pez (incluso con «ojos») y sus movimientos. El objetivo es atraer a otros peces depredadores, pero no para alimentarse de ellos, ya que al aproximarse las hembras introducen sus larvas en las branquias de los incautos peces, de manera que puedan desarrollar un estadio larvario parásito.

No obstante, el engaño no solo se circunscribe al ámbito visual. Tal es el caso de *Chlorobalius leucoviridis*, un ortóptero capaz de atraer cigarras macho de diferentes especies de la tribu *Cicadettini* (Hemiptera) gracias al canto que realiza, similar al de las hembras. Una vez próximos, los machos son devorados por los saltamontes. Por su parte, la araña *Mastophora* sp. caza a sus presas de una manera poco habitual en estos artrópodos, ya que desprende unas sustancias químicas semejantes a las feromonas liberadas por las hembras de dos especies de polillas. Así, cuando los machos se acercan atraídos, son depredados.

Mimetismo de Wasmann

Característico de los parásitos o de especies que sacan un beneficio de convivir con otras, los individuos imitadores adquieren semejanzas con los hospedadores de manera que no son atacados por las especies de las que se aprovechan y pasan inadvertidos para sus propios depredadores. Este tipo de mimetismo se puede asociar, además, con relaciones de mutualismo entre la especie modelo y la imitadora, e incluso de comensalismo. En este mimetismo comensalista, una especie simula ser otra para aprovechar los recursos alimenticios de esta o para que la convivencia le suponga una medida de protección frente a posibles depredadores.

Esta última modalidad fue descubierta por el entomólogo jesuita Erich Wasmann (1859-1931). Fue partidario de la evolución, lo cual provocó cierta preocupación en el seno de la Iglesia, aunque fue bastante popular entre los católicos, y llegó a ser invitado para escribir en la Enciclopedia Católica Americana. Seguramente, que discrepara con ciertos aspectos de la teoría de la evolución, ayudó a suavizar el asunto, ya que no estaba de acuerdo con el poder asignado a la selección natural, la descendencia común o el origen animal de los humanos.

Este tipo de mimetismo frecuentemente se da en relación a especies sociales, como hormigas, termes, abejas o avispas. Un ejemplo lo vemos en el arácnido *Myrmarachne plateleoides*, que vive en colonias de hormigas, cuya morfología hace que parezca casi a la perfección una de ellas, para no ser expulsado del hormiguero. En realidad su objetivo es evitar a sus depredadores, ya que las hormigas con las que convive (*Oecophyla* sp.) son particularmente agresivas. Algo similar ocurre con el estafilínido *Trichopsenius frostis*, cuya cutícula posee unos hidrocarburos similares a los de las termitas *Reticulitermes flavipes*. Esta situación es interesante, ya que se trata de un buen ejemplo de mimetismo, dentro del de Wasmann, químico entre especies, lo que corrobora que la catalogación debe ser flexible.

OTROS TIPOS DE MIMETISMO

Al considerar las orquídeas, debe hablarse de M. A. Pouyanne, que describió por primera vez el fenómeno de la pseudocopulación en estas plantas, al observar el fenómeno en el género *Ophrys*. Este engaño puede darse de dos maneras diferentes, a menudo simultáneamente, que consisten en un engaño visual por un lado (forma y color), y químico por otro, al imitar las sustancias liberadas por las hembras de los insectos; así, los machos crédulos efectúan la polinización.

También relacionado con las plantas, debe citarse el mimetismo gilbertiano, en el cual ciertas estructuras vegetales imitan huevos de mariposas, intentando evitar de esta manera una puesta real. Sin embargo, hay que tener en cuenta que no es raro considerar este tipo de imitación de forma más genérica, de tal manera que hace referencia a cómo ciertas especies imitan a sus parásitos. El mimetismo bakeriano guarda interés ya que es una imitación intraespecífica donde las flores femeninas imitan a las masculinas de la misma especie.

Tampoco puede olvidarse el ya citado automimetismo. También conocido como intramimetismo, una parte del individuo imita otra del mismo, o características «universales» como la presencia de grandes ojos para asustar o distraer de la verdadera cabeza. De hecho, se admiten dos variantes. En 1890, E. B. Poulton (1856-1943) describió por primera vez cómo una parte menos delicada del organismo se asemeja a otra más delicada o vulnerable. Si bien ocurre en vertebrados y en invertebrados, un ejemplo clásico es el de las orugas

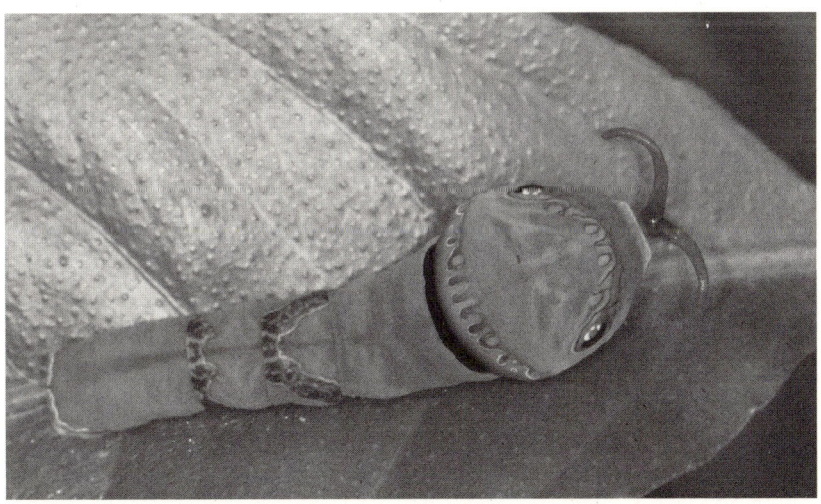

Oruga imitando una falsa cabeza se serpiente [Suede Chen / Shutterstock].

que simulan una cabeza en la parte posterior del cuerpo. De esta manera, la posibilidad de un ataque en la región cefálica disminuye y por tanto su vulnerabilidad.

En 1967, L. P. Brower (1931-2018) describió el mimetismo en la mariposa monarca tras estudiarla durante más de seis décadas, (convirtiéndose así en el mayor experto mundial) describiendo otra variedad de automimetismo a la que Pasteur denominó mimetismo broweriano en su honor (y de su primera esposa). Ocurre cuando dentro de la misma especie, coexisten individuos con diferente grado de toxicidad, a semejanza del mimetismo batesiano, valiéndose los menos tóxicos del efecto negativo que producen los demás. Con frecuencia puede tratarse de una imitación de un sexo respecto al otro, o individuos jóvenes que se asemejan a adultos.

MIMETISMO Y EVOLUCIÓN

LA PERSPECTIVA DE LOS EVOLUCIONISTAS

De una u otra forma, la gran mayoría de la gente tiene en su mente la idea del cambio de los seres vivos. No son raras las películas, cómics o incluso videojuegos, que tratan esta posibilidad. Dentro de estos, los hay que dan un paso más allá y se atreven a hablar incluso de modificaciones miméticas, como el juego de monstruos contra humanos «Mimicry» o el pedagógico para niños «Animales nocturnos con mimetismo». Posiblemente en la actualidad se trata de algo intuitivo, por lo que nos explican en los colegios, lo que hemos oído tantas veces... no nos sorprende tanto el oír sobre estos temas. Aunque en realidad, si lo pensamos un poco, seguimos asociando la evolución, el cambio, la imitación o el camuflaje con la ciencia ficción. Como si la propia naturaleza no fuera suficientemente rica en «cosas raras».

Las capacidades miméticas que se han observado desde la antigüedad, y que incluso el hombre ha tratado de imitar desde la prehistoria, no solo consisten en coloraciones o formas que permitan pasar inadvertidos a los individuos, o hacerles pasar por especies peligrosas. Los cambios anatómicos y fisiológicos suponen un proceso evolutivo a menudo muy complejo por la relación que existe entre dos especies, y no solo del individuo respecto del medio. El gran biólogo evolutivo Ernst Mayr definió como «toda nueva estructura o propiedad que se adquiere y que permite cumplir una nueva función» a las llamadas «novedades evolutivas», de manera que la nueva funcionalidad adquiere el papel protagonista en el transcurso del cambio. Tomando como nuestro este concepto y la definición dada, se evidencia lo acertado del término en relación al mimetismo. La nueva función consigue aumentar la eficacia biológica los individuos, no solo por la posibilidad de proporcionar descendientes en mayor medida que los individuos no mimetas, sino porque en diversas especies se ha comprobado cómo los patrones colaboran en la elección de pareja en las poblaciones.

En relación a estructuras que participen de la imitación, existe una diversidad de posibles orígenes, como la modificación de morfologías previamente existentes, la aparición *de novo* o la duplicación de estructuras, por poner los casos más destacados. Similar situación puede considerarse en el caso de las funciones. La posibilidad más que demostrada, de que incluso un solo gen puede regular (modificando, suprimiendo o activando) un conjunto de genes implicados en el desarrollo de una estructura o función, permite comprender que la evolución de los organismos imitadores probablemente ha podido tener lugar gracias a estos eventos genéticos, entre otros procesos, de los cuales a día de hoy se realizan investigaciones esclarecedoras y, sobre todo, necesarias.

Desde un punto de vista retrospectivo, y desde la perspectiva de las ideas evolutivas, fue durante el siglo xix cuando el interés general de la biología se encontraba enfocado en la evolución respecto de las filogenias, y no tanto en las adaptaciones en el sentido estricto. Fue entonces cuando Bates realizó importantes estudios sobre mimetismo gracias al viaje que realizó por el Amazonas junto con Wallace. De este viaje surgió en 1862 su obra *La vida de los insectos del Valle del Amazonas: Lepidópteros y Helicónidos*, donde sus descripciones miméticas agradaron especialmente a Charles Darwin (1809-1882) al suponer un apoyo a su idea sobre la selección natural de los individuos. De hecho, consideró la obra como uno de los más notables y admirables documentos que había leído en su vida, y aunque pretendía que Bates aportara más pruebas, se encontró con que tras su regreso a Inglaterra tras once años, nunca más volvió a viajar.

Dentro de los estudios que llevó a cabo antes de su regreso, merecen atención aquellos realizados sobre los géneros de mariposas *Mechanitis, Hyposcada* y *Heliconius*; éstas muestran formas divergentes y descubrió que las variantes de color dentro de un linaje tendían a aparearse sin cruzarse entre sí, garantizándose así una mayor divergencia de las formas en las especies.

Wallace, por su parte, aportó una explicación a Darwin sobre las llamativas coloraciones de ciertas especies de orugas, gracias a las observaciones realizadas durante el viaje con Bates. Lamentablemente, perdió casi todo lo que había recolectado, incluyendo escritos, dibujos... ya que hubo un incendio en el barco en el que Wallace regresaba del viaje, y naufragó. Mejor suerte tuvo Bates, que regresó a Inglaterra con más de 14 000 ejemplares, de los que unos 8000 eran nuevos para la ciencia. A pesar de las penurias por las que pasó Wallace se rehizo y gracias a su enorme dedicación y observación en el Amazonas, desarrolló la idea para la literatura científica del concepto de aposematismo, como una forma de advertencia a los depredadores, frente a posibles presas tóxicas o al menos de mal sabor.

Utilizó además las observaciones y los ejemplares recogidos durante los años que estuvo en el archipiélago malayo (1854-1862), llegando a establecer las bases que supondrían la universalización del mimetismo. Quedaba demostrado que las observaciones realizadas en el Amazonas, podían extenderse a otras partes del mundo. Así, entre otros, menciona en su obra *Viaje al Archipiélago Malayo*, publicada en 1869, el comportamiento del lepidóptero indomalayo *Kallima paralekta*, semejante a una hoja seca, o un caso de mimetismo entre aves de las Molucas (láminas XII y XIII). De hecho, en su obra él mismo refiere que en la isla Bouru a menudo confundía el frailecillo *Tropidorhynchus bouruensis* con la oropéndola *Mimeta bouruensis* (*Oriolus bouroensis*). Es esta última, como puede deducirse por su nombre científico, quien guarda parecido con el primero.

Mariposa similar a la que Wallace observó en sus viajes,
Kallima inachus [Nuch Sribuanoy / Shutterstock].

Así, las tonalidades dorsales y centrales son semejantes; el frailecillo muestra una mancha oscura rodeando los ojos, similar al penacho de plumas de la oropéndola; ambos presentan una especie de collarín claro formado por plumas curvadas características en la nuca en el frailecillo, y el pico presenta una quilla protuberante en la base, lo cual es especialmente raro en el género *Mimeta*. Wallace, no obstante, tiene claro cuál es el modelo, dado que el aspecto del *Tropidorhynchus bouruensis* es bastante típico, mientras que la oropéndola exhibe unas características poco esperadas. Además, la razón también parece ser clara, y es el hecho de que *Mimeta bouruensis* es un ave mucho más débil que pretende aparentar mayor fortaleza evitando de esta manera al menos las aves de presa de menor tamaño.

Wallace, además, defendió junto con otros evolucionistas los argumentos de Fritz Müller acerca del mimetismo, lo que le ayudó en la diseminación de sus ideas en los círculos científicos europeos. A este respecto, Darwin mantuvo correspondencia con Müller, viéndose este último muy influido por la obra del inglés como se aprecia en gran parte de su prolífica obra. Además, Müller fue quien explicó por qué una especie no palatable imita a otra también no palatable, algo que ni Bates ni Wallace habían podido resolver.

Desde entonces el mimetismo fue considerado como una demostración del poder de la selección natural al originar nuevas formas y rasgos adaptativos, siendo el batesiano el mejor y posiblemente primer caso evidente de la misma. Merece la pena al menos indicar que durante décadas la relación mimetismo-selección natural no siempre fue del todo aceptada de la misma manera por la comunidad científica; siendo en la década de los años 30 del siglo xx cuando la imitación adquirió de nuevo su papel fundamental como ejemplo de selección natural. Sin embargo, décadas después han ido resurgiendo científicos que ponen en duda esa estrecha relación, al menos del modo en que se ha considerado tradicionalmente.

Resumiendo enormemente décadas de polémica científica, puede decirse que no es hasta después de 1859 cuando el propio Darwin comienza a interesarse más por el adaptacionismo que por el desarrollo evolutivo de las especies desde sus orígenes. Los estudios realizados por Bates, Wallace, Müller, Weismann o Poulton, fueron determinantes para ampliar el horizonte evolucionista gracias a sus observaciones sobre mimetismo, tanto para el propio Darwin (conocedor de muchos de ellos gracias a las publicaciones y a la correspondencia que mantenía con algunos de estos naturalistas, y contribuyendo a su creencia de las adaptaciones de los más aptos), como para otros científicos de la época. Las obras de Wallace y Poulton acerca de las coloraciones y morfologías resultan especialmente relevantes en este nuevo enfoque, especialmente la de este último «The colours of animals», donde recopila la información adquirida hasta el momento, y donde añade sus propias investigaciones y estudios en los que cabe destacar los tipos de coloraciones que pueden adquirir los animales en función de su adaptación debida a la selección natural.

El cómo en unos casos se originaron aspectos engañosos, sigue sin ser conocido. Reaparece el dilema de cómo tienen lugar las novedades fenotípicas, ya que la selección natural no puede actuar sobre algo que no existe y por sí misma no puede originar nuevas formas, colores o cualquier otra característica. En realidad esta cuestión no es exclusiva del fenómeno mimético, ya que podemos plantearla en cada uno de los momentos de la historia de la Tierra en los que han surgido nuevas formas de vida de una manera que podemos considerar repentina. Y es en este punto cuando se pone de manifiesto que la teoría de la selección natural, o el evolucionismo en su sentido clásico, suponen una parte de la explicación de cómo se originan los seres vivos y cómo se producen los cambios, pero no la totalidad de dicha explicación.

Es posible que si Darwin y Mendel hubiesen mantenido una comunicación directa y fluida, hubiesen podido relacionar sus estudios lo cual era en realidad factible ya que, aparte de ser contemporáneos, se sabe que Mendel tenía varias de las obras de Darwin (de hecho la segunda edición de *El origen de las especies* tenía notas manuscritas por Mendel al margen) y los estudios del abad llegaron a bibliotecas científicas de diferentes países, además de mencionarse sus investigaciones en diversas obras científicas de la época. Sin embargo, parece que no llegaron a ser conocidas por el naturalista inglés, o al menos no con la exactitud necesaria para relacionar la herencia propuesta con sus investigaciones, de la misma manera que parece que Mendel no hizo uso de los datos aportados por Darwin.

Posteriormente surgen corrientes de científicos con un carácter menos naturalista, con menores o nulas experiencias de campo en comparación con las de los grandes expedicionarios de los que surgen las ideas sobre la imitación del medio o de otras especies tras sus observaciones *in situ*. Así, en relación al llamado por Julian Huxley «eclipse del darwinismo», surgen los evolucionistas disconformes con la idea de que la selección natural es la única forma de explicar los procesos de cambio, como aquellos que mantienen orientaciones mutacionistas u ortogeneticistas, por citar las más importantes. Dentro de la primera es destacable en caso del genetista inglés R. C. Punnett (1875-1967), cuyo argumento principal se refería a la falta de conclusiones obtenidas a partir de las ideas seleccionistas en relación con el mimetismo. El también genetista Thomas H. Morgan (1866-1945), abandonó la posición mutacionista en 1916 para aproximarse a las posiciones adaptacionistas, a pesar de haber estudiado durante gran parte de su carrera las mutaciones de la mosca del vinagre.

Tras muchos estudios, hacia la segunda mitad del siglo xx es cuando puede decirse que el hoy llamado «programa adaptacionista» toma relevancia y se consolida. Dicho programa se relaciona con la idea de la presión de selección, concepto diferente a la selección natural tan defendida por la nueva síntesis derivada de los defensores del darwinismo de las primeras décadas del siglo xx.

Resurgen las dudas entre diversos científicos, sobre el por qué en una misma población existen individuos con dimorfismo o incluso polimorfismo, de manera que hay coloraciones miméticas protectoras y otras que no lo son. El naturalista C. S. Elton (1900-1991), por poner un ejemplo, sugiere la existencia de un mecanismo capaz de permitir que los caracteres no adaptativos puedan perdurar en las poblaciones. Se contempla el hecho de considerar los cambios bióticos y abióticos del entorno, así como la estrecha relación con la selección sexual. Así, en medio de las corrientes a favor y en contra de las explicaciones adaptacionistas como medio para explicar coloraciones y morfologías singulares, Huxley reivindica la necesidad de estudiar la naturaleza en la propia naturaleza. Su planteamiento sugiere que las ideas deben basarse en un trabajo de campo que haga ver de primera mano de lo que se habla, no hacerlo desde la teoría, y que solo así podrá terminar el debate. En tal caso el ganador sería claramente el adaptacionismo, si los científicos discrepantes observaran los casos siguiendo la estela de los grandes naturalistas del siglo xix.

En relación con esto, otro concepto procedente de la genética de poblaciones aporta una nueva variable a tener en cuenta. La deriva génica implica los cambios al azar de las frecuencias génicas (alélicas), de manera especial en el caso de poblaciones pequeñas. Así, y teniendo en cuenta que a menudo los estudios se han realizado en zonas tropicales con poblaciones bastante limitadas numérica y espacialmente, parece razonable estimar que, al menos en un porcentaje de los modelos existentes, la deriva génica puede adquirir un papel principal. Cabe plantearnos la relación de la deriva genética y lo defendido por Huxley, y es en este punto donde entra el biólogo inglés David Lack (1910-1975). En 1947 publica *Darwin's finches* donde plantea la filogenia de los pinzones de las islas Galápagos (lámina 1). Emplea una explicación adaptacionista en referencia a los diferentes picos en función del tipo de alimentación; sin embargo, las diferencias encontradas entre los picos y la envergadura de las alas entre las poblaciones de las distintas islas dentro de una misma especie, no parece que encajen bajo la premisa de la adaptación, por lo que fija la atención solo en los casos de diferencias muy marcadas en el tamaño de los picos.

Darwin's Finches de *David Lack* [edición de 1961 / Harper Torchbooks].

En realidad hace referencia a la posibilidad de que de manera casual (accidental) se favorezcan o perjudiquen unas mutaciones respecto de otras en poblaciones reducidas, dando lugar a las diferencias observadas. Años después, él mismo cambió de opinión argumentando que incluso aquellas diferencias que aparentemente no eran adaptativas, en mayor o menor medida sí lo serían. ¿Por qué se produjo este cambio? En realidad este ejemplo es muy ilustrativo, entre los muchos casos que se han dado, de dos aspectos fundamentales de la ciencia. De un lado, que está viva, es decir, no es inamovible y cuanto más se conoce más cimientos pueden removerse. Por otro, el propio Lack admitió que cuando realizó los estudios de campo, había una tendencia entre muchos científicos, que llevaba a considerar que las diferencias entre especies muy próximas o entre subespecies, no eran de tipo adaptativo.

Las corrientes, escuelas o como queramos llamarlo, han sido fundamentales en el desarrollo de, posiblemente, todas las disciplinas, sean científicas, humanistas o sociales. Aunque las tendencias que pueden observarse en distintas épocas forman parte de los avances de la sociedad, siempre debe tenerse en cuenta el papel de los disidentes intelectuales. Bajo este término me refiero a aquellos pensadores, científicos en el caso que nos ocupa, que tras observación, estudio, meditación, capacidad de síntesis y de relación, etc., han sido capaces de enfrentarse (a veces en el sentido más literal de la palabra) a las ideas preponderantes. Lo fundamental no es ir en contra de lo que diga la mayoría de los colegas científicos simplemente por llevar la contraria o intentar sobresalir en un nuevo «nicho», sino que con un amplio conocimiento pueda desarrollarse la objetividad necesaria para poder ver más allá, incluso en contra de grandes mentes.

Considerando el caso de Lack, y con independencia de la mayor o menor razón de su cambio, es interesante ver cómo pensó que se había visto cegado por una tendencia contemporánea, obviando sus propias observaciones realizadas durante meses en las propias islas Galápagos, sus estudios y deducciones posteriores, y cómo fue lo suficientemente humilde como para modificar sus argumentos en una edición posterior de su obra. Por cierto, después de estar en Cambridge, Lack asumió el puesto, por recomendación de Huxley, como mentor científico en la Escuela Dartington Hall en Devonshire desde 1934 hasta el verano de 1938 (cuando se tomó el año sabático para realizar el estudio sobre los pinzones).

Pinzón de Darwin [David M. Roberts / Shutterstock].

Deroplatys lobata [Deo Pratama Putra / Shutterstock].

Deroplatys lobata [Deo Pratama Putra / Shutterstock].

Fásmido [Brian Lasenby / Shutterstock].

Megophrys nasuta [Birdtolk / Shutterstock].

Papilio troilus [Brian Lasenby / Shutterstock].

Mariposa búho [Carly Autumn / Shutterstock].

Cephalanthera rubra [Esin Deniz / Shutterstock].

Campanula persicifolia [N.Stertz / Shutterstock].

Micrurus lemniscatus, serpiente de coral de América del Sur [Morley Read / Shutterstock].

Lampropeltis triangulum stuarti, una de las numerosas
falsas corales [Marina Kehl / Shutterstock].

Kallima buxtoni [Kale Nahang / Shutterstock].

Kallima buxtoni [Kale Nahang / Shutterstock].

Amorphophallus titanum [Bpk Maizal / Shutterstock].

Dasymutilla occidentalis, hembra áptera. Hormiga de terciopelo rojo, hormiga de terciopelo oriental o matavacas [Steve Heap / Shutterstock].

XV

Timulla euterpe [Melinda Fawver / Shutterstock].

XVI

El programa adaptacionista se vio reforzado gracias a E. B. Ford (1901-1988), del cual volveremos a hablar por su relación con Ronald Fischer, y al cual el propio Huxley fue quien le condujo al mundo de la genética, campo en el que resultarán fundamentales sus investigaciones. Ford y los científicos que le siguieron, contribuyeron a demostrar empíricamente, así como mediante modelos matemáticos y empleando la por entonces emergente genética, que la mayor parte de los caracteres animales son adaptativos y tienen como finalidad llevar a cabo una determinada función. Uno de los seguidores de Ford fue el biólogo evolutivo A. Cain (1921-1999). Biólogo de gran relevancia y que abarcó diversos campos relacionados con la genética, la zoología, la ecología o la taxonomía, entre otros, argumentó aludiendo al propio Wallace, que el hecho de asumir que tal vez el no ver la adaptación o la funcionalidad de algo no significa que no exista, sino más bien implica la falta de conocimiento concreto sobre la característica particular.

Esta reflexión también podría hacernos considerar que además de la adaptación podría haber algo aún desconocido que sirviera para explicar fenómenos naturales aún muy «opacos» para nuestra visión. De hecho, basta pensar cómo el propio Darwin o incluso Mendel, realizaron sus observaciones y sus deducciones sin saber si quiera ya no qué era un gen, sino ni siquiera qué era el ADN. Afortunadamente, con el desarrollo de la genética como ciencia, surgieron ramas como la genética de poblaciones, la citogenética o la genética molecular, por citar algunas, por lo que poco a poco pudieron desentrañarse lo que hasta ese momento eran verdaderos quebraderos de cabeza para los científicos. Como se verá más adelante, los estudios genéticos en relación con el mimetismo están aportando una información de incalculable valor en sí misma, y por las puertas que abre a nuevas relaciones entre el conocimiento ya adquirido, cumpliendo la máxima de que el todo es mayor que la suma de las partes (y más si están por separado, claro).

A pesar del enorme éxito que logró el adaptacionismo, a partir de los años 50 del siglo xx aparece la llamada «ecología evolutiva», que pretende conocer cómo van evolucionando los organismos en poblaciones actuales considerando diferentes aspectos como la fisiología, el comportamiento o las interacciones interespecíficas.

LA EVOLUCIÓN EN CASOS PRÁCTICOS

Considerando un aspecto relacionado con la evolución en un sentido amplio del concepto, y al margen de las polémicas y perspectivas históricas, la presencia de polimorfismos aún a día de hoy sigue resultando uno de los hechos más difíciles de defender dentro del mimetismo. Ford logró introducir la presión de selección como causa coherente y demostrable de la presencia de patrones miméticos diversos dentro de una misma población y bajo similares circunstancias ambientales. Así, por ejemplo, la aparente diversidad adquiere sentido si se tienen en cuenta las áreas de distribución de los depredadores. De esta manera, las coloraciones de un mismo territorio (cuya extensión puede ser muy amplia o alcanzar tan sólo un microhábitat) sí presentan una convergencia dada por la propia selección. Sin embargo, las diferencias son más evidentes cuanta menor sea la afinidad entre las zonas de estudio e incluso los potenciales depredadores.

Respecto a la formación de nuevas especies, resulta interesante considerar la relación entre arañas imitadoras de hormigas y las propias hormigas. Tal es el caso de *Myrmarachne,* de las cuales más adelante se tratará con más detalle, y cuyas hembras muestran preferencias de coloración que pueden llevar al aislamiento reproductivo con la consiguiente formación de nuevas especies con el paso de las generaciones. Parece lógico suponer que si esto ocurre en estos arácnidos, también puede acontecer en otras especies cuya movilidad o territorio no sean amplios.

En otros grupos se ha observado que a partir de especies miméticas, los individuos que proceden de la hibridación entre subespecies rara vez presentan las coloraciones necesarias para resultar miméticas, por lo que son depredados. A esto hay que añadir que el apareamiento entre mimetas en estos casos se ve favorecido precisamente por las coloraciones que presentan, viéndose perjudicados a este respecto los propios individuos híbridos. De esta forma, es obvio que considerando las proporciones fenotípicas en primera instancia, y por ende las genotípicas, las generaciones presentan en mayor proporción especímenes con la variedad del patrón mimético que resulta adecuados para el entorno y para los depredadores a los que se enfrentan en detrimento de patrones nuevos «puros», y por tanto menos adecuados.

Pero no siempre es así. Algunos estudios han determinado la aparición de nuevos patrones como resultado de la hibridación entre diferentes especies. Se trata de un acontecimiento escaso en la naturaleza por las razones que hemos visto, y que requiere el cruzamiento entre especies próximas. El resultado encontrado en mariposas helicónidas ha sido la aparición de nuevos patrones por la adquisición inmediata de nuevas mutaciones por parte de los individuos coevolucionados, y desde la perspectiva ecológica supone una ventaja añadida para los híbridos, y es la posibilidad de participar de distintos anillos de mimetismo en diferentes zonas.

Es de suponer que si dos individuos de dos especies diferentes han sido capaces de reproducirse, es porque de alguna manera comparten territorio al menos en una época determinada del año. Los descendientes resultantes de dicho cruce, posiblemente pueden mantener un área de distribución mayor que los individuos parentales. En las especies *Heliconius melpomene* y *H. elevatus* se han estudiado dos patrones de coloración, cada uno de ellos aparecido en una de las especies en distintos momentos de su evolución; en ambos casos se ha producido una transferencia a la otra especie, de manera que en la actualidad el intercambio genético ha desembocado en unos patrones de coloración diferentes al de sus antepasados. El resultado ha sido unos patrones de coloración en las alas en ambas especies, que hacen que aumente su similitud por lo que se incrementa el grado de mimetismo. Por ejemplo, el patrón «dennis», surgido primero en *H. elevatus*, se caracteriza

Ejemplar de *Heliconius* sobre hoja [Microfile.org / Shutterstock].

por un fondo negro con una coloración roja de aspecto continuo en la base del par anterior y una línea en el borde superior de la posterior, y el patrón «rays» de *H. melpomene* presenta rayas rojas a modo de rayos, sobre fondo negro en el par posterior. Ambas especies, junto con *H. timareta*, muestran un patrón mezcla casi perfecta de ambos. En esta última especie, la transferencia de patrones para alcanzar el fenotipo actual procede directamente de *H. melpomene*.

En relación al mimetismo como tal, y alejándonos de la perspectiva de la especiación, se hace necesario fijar la atención en otras mariposas. Conocidas como mariposas «transparentes», el género *Pagyris*, en concreto de la tribu *Ithomiini*, resulta realmente interesante. Tras haber comprobado en múltiples ejemplos, no solo en estos insectos, la importancia de los colores aposemáticos, la idoneidad de los patrones, que sean realmente llamativos... todo parece indicar que estas mariposas tropicales representan una aparente excepción a todo lo explicado. Sin embargo no es así. Las regiones opacas sí muestran un modelo mülleriano y, aunque de escasa extensión, parecen ser suficientes para evadir a los pájaros depredadores.

Las especies con transparencias en las alas resultan de por sí poco detectables por la mayoría de ellos por lo que generalmente no son depredadas. Aquellos individuos o especies con mejor reconocimiento visual, al ver los colores de aviso de las regiones opacas, evitarán comerse las mariposas debido al desagradable sabor que presentan por los alcaloides de las plantas de las que se alimentan una vez imagos. Por tanto, la evolución favorece a este «transparency group» del que ya habló Bates, tanto por esta peculiar característica como por el mimetismo que presenta respecto a la coloración (ya que son imitadores entre sí dentro de la tribu, y también respecto de otras mariposas).

Existe la problemática de explicar situaciones tan dispares. La base común podría ser el cambio en un agente evolutivo, pero la cuestión es por qué afecta de formas tan sumamente variadas y, tal vez, si no deberíamos aceptar que aún hay agentes evolutivos que desconocemos y que posiblemente nos ayudarían a entender mejor ciertos mecanismos propulsores de un cambio. En la mayor parte de los casos la explicación del fenómeno mimético es indirecta, y se basa en el grado de percepción del individuo engañado y el parecido entre el individuo modelo y el imitador, la abundancia relativa del imitador y el modelo en la dieta de los depredadores, o incluso las marcas de picos de aves en las alas de mariposas (como se verá más adelante), por exponer alguna circunstancia habitual encontrada en los artículos científicos.

Cierto es que cualquiera de estas situaciones pueden demostrar la existencia del fenómeno mimético, pero no necesariamente aportan la causa o el cómo se llega hasta una relación de este tipo entre los tres individuos implicados. Además, debe tenerse en cuenta que los estudios se realizan desde la perspectiva humana. Esto resulta un aspecto verdaderamente relevante debido a que los umbrales de percepción son distintos, a menudo mucho, entre los diferentes organismos. Sin embargo se pueden encontrar cada vez más estudios que tienen en consideración este hecho, por lo que cada vez con más frecuencia pueden encontrarse investigaciones en las que se emplea el espectro ultravioleta para analizar comportamientos relacionados con fenómenos miméticos visuales, por hacer referencia a un sentido a modo de muestra.

Considerando que numerosas especies tanto de invertebrados como de vertebrados, presentan visión en el ultravioleta, que por tanto significa que su visión es diferente (a menudo más rica) a la humana, las apreciaciones que podamos realizar pueden diferir de la realidad. En ocasiones pueden ser erróneas o incompletas, y es probable que pasen inadvertidas relaciones que suceden delante de nosotros.

Empleando una vez más a las heliocónidas como ejemplo, es conocido que diversas especies son sensibles desde el espectro ultravioleta hasta el rojo (440-640 nm). Es el caso de *H. erato*, que presenta la duplicación del gen relacionado con la visión uv. Gracias a esta duplicación, posiblemente producida hace entre 12 y 25 millones de años, esta especie puede visualizar en este rango del espectro una gama de

Ejemplar de *Heliconius erato* [Jiri Vlach / Shutterstock].

colores amarillos, proporcionando una mayor riqueza en los patrones alares al producirse una mejor discriminación de los colores detectados. Esta mejora en la visión respecto de otras especies puede resultar útil en la selección sexual o en la identificación entre individuos miméticos. También podría ayudar a entender por qué los individuos híbridos son escasos en este género, ya que la duplicación de este gen no parece ser frecuente.

Siendo los lepidópteros un buen modelo al considerar el mimetismo animal, y del cual se han realizado innumerables investigaciones, no es ni mucho menos el único caso. Anteriormente hemos tratado el asunto del mirmecomorfismo donde se da un mimetismo de hormigas por parte de otros artrópodos. Evolutivamente resulta de gran interés ya que la imitación puede ser de tipo morfológico, conductual o químico. De hecho, el parecido morfológico y etológico con las hormigas ha evolucionado más de 70 veces en más de 2000 especies de insectos y arañas. Por otro lado, entre estos himenópteros también se encuentran ejemplos llamativos de especies que aparentan ser lo que no son, invirtiéndose los papeles.

Las llamadas «hormigas terciopelo azul» de norteamérica, son un interesante modelo de mimetismo mülleriano. En realidad consiste más bien en un gran complejo de himenópteros de la familia *Mutillidae*, que incluye al menos a 65 especies de avispas del género *Dasymutilla*, y de ahí que merezca la pena fijar la atención. La evolución convergente parece explicar este curioso fenómeno que ha llevado a investigar otros 21 géneros relacionados (como *Timulla*), encon-

Una «hormiga» terciopelo [Ryan Pictures / Shutterstock].

trándose que más de un 80 % de las especies estudiadas presentan un carácter imitador (lámina xv). Este conjunto mimético resulta interesante además por presentar secreciones químicas penetrantes, coloración aposemática, señales de advertencia auditiva, cutícula resbaladiza y dura, y una picadura muy dolorosa.

La gran cantidad de especies relacionadas, así como la extensión geográfica que ocupan, hace que se relacionen con numerosos potenciales depredadores, por lo que las variadas advertencias hacia los mismos, junto con la diversidad de órganos sensoriales receptivos implicados, posiblemente hace que el aprendizaje por parte de estos sea rápido. Por si fuera poco, este sistema de «hormigas» presentan un fenómeno de mimetismo dual limitado por el sexo. Los machos son más inofensivos que las hembras, y sin embargo son aposemáticos aún no compartiendo el mismo tipo de imitación que las hembras de la especie.

Otro aspecto encontrado en géneros como Dasymutilla y Daisymutillase es el mimetismo imperfecto, o incluso el de camuflaje, como ocurre en Dasymutilla gloriosa. La llamada «hormiga de terciopelo de plumón de cardo» pasa inadvertida cuando se localiza entre los frutos de Larrea tridentata (planta conocida como creosota), cuyo aspecto es capsular, pentalobulado y globoso y, por lo que nos interesa, cubierto de abundantes pelos largos blancos (a veces rojizos). Hay que prestar verdadera atención para diferenciar el insecto del órgano vegetal cuando éste se encuentra ya caído en el suelo. No obstante, el insecto apareció millones de años antes que la planta, como demuestran los estudios genéticos.

La «hormiga de terciopelo de plumón de cardo»
Dasymutilla gloriosa [Jiri Vlach / Shutterstock].

Ejemplar de *Larrea tridentata* mostrando los frutos [Jared Quentin / Shutterstock].

De esta manera, es probable que la ocultación de la cual se benefició una vez se produjo la expansión de la creosota por los desiertos cálidos de norteamérica desde el sur del continente, sea una ventaja sobrevenida a su aspecto original. Considerando que la coloración blanquecina es extraordinariamente rara fuera del ámbito polar, es posible que el himenóptero se muestre así para nuestra visión, pero muy probablemente no para otros grupos animales de los cuales puede ser presa, por lo que pudo sobrevivir sin necesidad de ocultarse, aunque luego «aprovechara» el parecido con este fin. De hecho, los estudios de reflexión de la luz muestran diferentes espectros de reflectancia mostrados tanto por estos insectos como por los frutos, por lo que una vez más se plantea el argumento de que los razonamientos no pueden hacerse desde una perspectiva exclusivamente humana.

Parece que la coloración blanquecina respondería más bien a una adaptación a las altas temperaturas del desierto donde habitan, según se deduce de análisis realizados con cámaras termográficas empleadas. Así, las termorregulación presentada por *Dasymutilla gloriosa* y *Larrea tridentata* mostraría una evolución adaptativa y convergente frente a una característica extrema del medio, al tiempo que tal vez frente a determinados depredadores suponga un mecanismo de cripsis. Además, y por si esto fuera poco, esta especie se incluye dentro del anillo de mimetismo mülleriano del desierto, del que participan otras especies del mismo género de himenópteros.

Si bien es cierto que la mayor parte de las investigaciones se han realizado en grupos de artrópodos, especialmente en insectos y sobre todo en mariposas, en los últimos años se han ido realizando investigaciones es otras muchas especies incluyendo vertebrados. Buena representación de esto supone el análisis realizado sobre el género de peces arrecifales *Meiacanthus*, que presenta especies venenosas habitualmente imitadas por otras con las que conviven, también de la tribu *Nemophini*. Posiblemente lo más curioso no sea el mimetismo relacionado con la coloración, los patrones o la forma de nadar, sino el desarrollo de colmillos imitadores. Esta singularidad resulta llamativa por sí misma, dado que la presencia de dentición venenosa resulta muy extraña en este grupo animal. Diferente es la presencia de células secretoras en espinas o radios en las aletas con fines defensivos.

Desde un punto de visto evolutivo, el desarrollo de los caninos en esta tribu ocurrió antes que la formación de veneno, por lo que es un rasgo presente en diversos géneros emparentados y no se trata de una imitación *a posteriori*. El hecho de que *Meiacanthus* desarrollara glándulas venenosas y sufriera la modificación de los colmillos con la presencia de un surco anterior (en todas las especies son huecos pero no presentan surco) por el que circula el tóxico, supuso la aparición de un modelo a imitar. La aparición del veneno característico de este género fue una ventaja para aquellos otros que, sin ser venenosos, «aprovecharon» la novedad evolutiva, al menos en ciertas especies de los géneros *Plagiotremus* y *Petroscirtes*.

En aquellas inofensivas, el mimetismo batesiano proporcionó una protección fundamental frente a enemigos, mientras que las especies depredadoras se beneficiaron de un mimetismo agresivo. Los mimetas batesianos han ido adquiriendo unos patrones de coloración y comportamientos natatorios similares a los de especies del género *Meiacanthus*, además de «falsos» colmillos (no presentan ranuras anteriores para la inoculación), tal como sucede en *Petroscirtes breviceps*. En *Plagiotremus* spp., pueden encontrarse representantes de uno de los escasos ejemplos (en comparación con los otros modelos) de mimetismo agresivo que se conocen entre los peces.

Un pequeño *Plagiotremus rhinorhynchos* observando desde su escondite [CBPIX / Shutterstock].

EL PAPEL DE LA EPIGENÉTICA

Partiendo de la premisa de que el mimetismo es una fuente de evolución al existir una presión selectiva importante hacia el imitador y hacia el potencial enemigo o presa, no es posible olvidar el papel que tiene la epigenética, ya que el planteamiento de que la plasticidad fenotípica podría provocar que el genoma asimilara los cambios, se tiene en cuenta cada vez más. De esta manera, los efectos inducidos desde el ambiente sobre los fenotipos, podrían cambiar el rango de expresión de éstos, influyendo sobre la fuerza y dirección de la selección que actúa en las frecuencias génicas.

Cualquier especie o individuo mimeta es, ante todo, un ser vivo que se desarrolla en un ambiente determinado, bajo unas condiciones que pueden (y de hecho así se ha demostrado que ocurre) afectar no solo a la expresión de los genes, sino incluso a los propios genes de manera específica. Así pues, si tener en cuenta genes de manera aislada resulta tan poco «práctico», por decirlo de alguna manera, como si solo se atendiera a un carácter para determinar especies, cada vez resulta más obvio que las circunstancias ambientales vividas por los individuos pueden resultar determinantes para la manifestación de su genoma. De la misma manera que considerar un solo carácter para determinar una especie es impensable para cualquier taxónomo, cada vez resulta más obvio que las circunstancias ambientales vividas por los individuos deben ser consideradas junto con los genes en el estudio de una manifestación del genoma.

El término epigenética fue propuesto en 1942 por Conrad Hal Waddington, si bien su definición y campo de investigación se han visto modificados en múltiples ocasiones a lo largo de estas ocho décadas. Así, en los últimos años, resulta de gran importancia tener en consideración esta ciencia a la hora de comprender fenómenos naturales, y en particular miméticos, desde una perspectiva genética.

Actualmente se conocen numerosos casos que evidencian que las manifestaciones del genotipo dependen del medio y de sus condiciones. La sucesión de acontecimientos encaminados a regular la expresión genética desemboca en el desarrollo morfológico o funcional de un organismo en base a tales circunstancias. Dicha regulación implica además, cuando las condiciones ambientales afectan al individuo, que la expresión de los genes no es la «esperada», sino que se ve modificada, siendo esos cambios transmisibles a la descendencia (bien se trate de una línea celular, bien las siguientes generaciones de organismos) a pesar de no haberse producido cambios en el ADN. Y es precisamente este punto el que relaciona la epigenética con el proceso evolutivo desde la concepción darwinista.

De hecho, diversos estudios relacionan la epigenética no solo con los caracteres adquiridos defendidos por Lamarck, sino con la selección natural sostenida por Darwin. En realidad, este último no era precisamente un opositor a esa idea de la herencia de los caracteres adquiridos. De hecho, en «El origen de las especies» habla en relación con los animales domésticos, sobre el uso y desuso de ciertas partes, y su desarrollo o no, así como de la heredabilidad de las mismas (sin citar a Lamarck directamente). Fue posteriormente, durante el desarrollo del neodarwinismo, cuando se desechó esta idea y se popularizó la supuesta oposición de Darwin al postulado de Lamarck.

Pero volviendo al planteamiento de la relación del lamarckismo y la epigenética, algunos autores han considerado la posibilidad de establecer una nueva teoría que los una, y, al igual que ocurrió con la teoría de la evolución, se ha convenido en llamar «neolamarckismo». Plantea el hecho de que el medio ambiente influye sobre el desarrollo de los caracteres, que dicha influencia se manifestaría gracias a factores fisicoquímicos, y que podría haber una herencia de dichos cambios. Sobre los individuos podría producirse una selección natural, tal como fue entendida por Darwin. Comencemos ordenando un poco las ideas.

Lamarck no fue el primero en hablar de cambios en los seres vivos, ya que se trata de una idea que viene desde la antigüedad, tal como vemos reflejado, por ejemplo, en las ideas de los griegos clásicos. Sin embargo, el estructurar sus pensamientos sobre la «evolución» (entendido como cambio, no el sentido estricto determinado por el darwinismo), y aportar explicaciones, sí fue una novedad, y sobre todo, una gran aportación utilizada por muchos científicos contemporáneos y posteriores. En definitiva, fue el primero en desarrollar una teoría completa de la evolución. El que desarrollara de manera sistemática y con argumentos cómo consideraba que se producían las transformaciones, ayudó a exponer los resultados de estudios o meditaciones que, con independencia de si se mostraban a favor o en contra, han sido de gran utilidad para el progreso de la ciencia en este campo.

El caballero de Lamarck nació en 1744, lo que condiciona en gran medida el cómo expuso sus planteamientos. En esa época por supuesto no se sabía nada de genética, y aunque ya se habían realizado estudios, ni la citología, la histología, la fisiología u otras tantas ciencias, habían progresado suficientemente como para que pudiera aplicar de manera útil los conocimientos que entonces se tenían. A pesar de todo, actualmente podemos «traducir» algunos de sus argumentos con los conocimientos que hoy tenemos, sin desvirtuar, ni alterar, sus escritos.

Así, los factores ambientales pueden explicar lo que él denominó «circunstancias favorables». Antes de su famosa obra de 1809 *Filosofía zoológica* se dedicó, entre otras cosas, al estudio de la física de la Tierra y muy especialmente hizo investigaciones sobre meteorología. Cuando más adelante comenzó sus trabajos sobre los animales y cómo cambiaban, no es difícil entender cómo fue capaz de relacionar dichos cambios con circunstancias ambientales.

Hoy en día, el conocimiento de la influencia de los factores ambientales sobre nuestro genoma hace que debamos diferenciar entre las variaciones producidas por mutágenos, es decir, sustancias que provocan modificaciones en el ADN (mutaciones), y las variaciones epigenéticas, es decir, las que conllevan una expresión alternativa de los genes, sin verse alterada la secuencia de nucleótidos. En este último tipo podríamos, tal vez, encajar de alguna manera las ideas que planteó Lamarck.

Sin embargo, diversos estudios sugieren que la herencia epigenética se va perdiendo en generaciones sucesivas, hasta llegar a desaparecer, cuando el factor ambiental responsable no está presente. ¿Podría la epigenética explicar determinados casos de mimetismo? Es conocido, como se expone más adelante, que en ciertas especies cuando el modelo desaparece, la población mimeta sufre una regresión en sus características, volviendo a un fenotipo «primitivo», o al menos similar al original. ¿Significa esto que el organismo modelo actúa como factor desencadenante, epigenético, de los cambios? Es posible, pero entonces hay que realizar la siguiente pregunta, y es el por qué en otras especies no sucede.

Tal vez la causa del fenotipo desarrollado no sea un proceso epigenético, pero también podría ocurrir, que una vez desaparecido el modelo, el mimetismo carece de sentido de cara a los potenciales depredadores, especialmente pasadas suficientes generaciones como para que no haya individuos capaces de desconfiar de la eventual peligrosidad. La transmisión de los caracteres a las siguientes generaciones, puede guardar una relación con la epigenética, que sostiene que los cambios producidos en un organismo gracias a interacciones con el ADN y no mutaciones del mismo, pueden ser heredables en los descendientes. Dichos cambios se producen por la interacción con los factores ambientales (alimentación, sustancias químicas, estados de ánimo exacerbado...), es decir, su influencia sobre el ADN o la cromatina, viéndose entonces implicadas también las proteínas que participan del empaquetamiento de este ácido nucleico.

De manera experimental se ha comprobado, en vegetales, que si los cambios epigenéticos se mantienen al menos veinte generaciones, la selección natural puede actuar. Al parecer esto es debido al papel de los transposones, también llamados «genes saltarines», que son elementos génicos móviles descubiertos por Bárbara McClintock, lo cual le valió el Premio Nobel de Medicina (Fisiología) en 1983. Experimentalmente se ha comprobado que la transmisibilidad de las denominadas marcas epigenéticas depende de estos elementos o de sus vestigios, es decir, cuando han perdido la movilidad debido a causas como mutaciones. Al parecer hay una relación entre la cercanía de cualquiera de ellos a un gen determinado, en los casos transmisibles.

Evidentemente, las condiciones de un laboratorio son a menudo muy diferentes a las dadas en la naturaleza, por lo que aún queda por demostrar la relación real entre ambos fenómenos, presencia de transposones y selección, en el medio natural.

En alusión a la epigenética y el papel del medio sobre la manifestación del genotipo, en 1940 el genético ruso N. W. Timofeeff-Ressovsky planteó las diferencias fenotípicas mostradas por el coccinélido *Adalia bipunctata* en las proximidades de Berlín. A pesar de presentar distintos patrones, de manera general puede hablarse de las llamas «formas rojas» (manchas negras sobre fondo rojo) y «formas negras» (manchas rojas sobre fondo negro). Las primeras son más abundantes en invierno, mientras que las segundas lo son en verano. Las condiciones derivadas de una y otra estación deben presentar una influencia que modifica el aspecto de manera más que patente.

Algo relativamente similar se aprecia en el lacértido *Uta stansburiana*, cuya coloración depende del color de la arena donde habita. Los individuos localizados en California, en las proximidades del volcán Pisgah, muestran una coloración casi negra, mientras que aquellos que habitan en suelos más claros, muestran una coloración similar al mismo. Podría pensarse que se trata de un fenómeno similar al del la polilla *Biston betularia* frente a la contaminación industrial. Sin embargo la asimilación es más correcta si se piensa en el coccinélido berlinés, debido a que no se trata de una coloración más o menos apropiada según el grado de contaminación, sino que la coloración de los especímenes varía en función del medio que habite.

La polilla *Biston betularia*, emblema de la evolución en acción: su forma clara (*typica*) dominaba los bosques ingleses hasta que la Revolución Industrial favoreció a las variantes oscuras (*carbonaria*) en zonas contaminadas. Este «cambio de traje» documentado por Kettlewell en los años 50 demostró cómo la selección natural opera en tiempo real, usando el camuflaje como escudo contra depredadores. Hoy, con cielos más limpios, las claras resurgen, recordándonos que la naturaleza escribe sus leyes con siempre cambiante [Kingfeel / Shutterstock].

Tampoco es comparable este ejemplo al de los camaleones, grandes expertos del camuflaje, ya que puede ser una muestra de cómo puede actuar la epigenética reflejándose un aspecto distinto según el sustrato habitable por estas lagartijas. Así, cuando ejemplares oscuros fueron llevados a suelos arenosos claros, a los pocos meses se produjo un cambio de color, más adecuado al nuevo entorno. De hecho, se conocen dos genes reguladores de la producción de melanina en esta especie, mutados en los individuos de la población del volcán.

También relacionado con el cambio de aspecto aunque de forma bastante más radical, hay que tener en consideración a la langosta del desierto *Schistocerca gregaria*. Individualmente su comportamiento es tranquilo y su movilidad está bastante reducida a un entorno de no mucha extensión. Todo cambia de manera drástica en el momento en que se juntan tres o más individuos. El gregarismo conlleva una etología mucho más agresiva, con necesidad de convivir en grupos numerosos (incluso de millones de individuos) y de migrar kilómetros de distancia. Pero no queda en esto la alteración, ya que la coloración y la morfología también se modifican sustancialmente. Dichos cambios se mantienen a lo largo de generaciones al parecer por la presencia de un precursor de la dopamina, la levodopa, en la espuma que engloba los huevos.

A pesar de que las muestras descritas son independientes del mimetismo, aportan una visión que debe ser tenida en cuenta, y es el papel que tiene el entorno en los seres vivos, en particular en los fenotipos. Se conocen bastantes casos equiparables a los reseñados, situaciones en las que el aspecto, el comportamiento, etc., se ven modificados en mayor o menor medida, gracias a la acción de factores físico-químicos o bióticos sobre la acción génica. Así pues, no sería extraño que al menos en un porcentaje de los casos de mimetismo existentes, los factores epigenéticos intervinieran.

De hecho, tal vez podemos detenernos en la polilla *Nemoria arizonaria* para considerar esta posibilidad. Esta especie presenta dos generaciones a lo largo del año, una nacida en primavera y otra en verano. Las orugas de la primera generación se alimentan de los amentos de los robles jóvenes, al ser la época en la que aparecen estos, metamorfosean a finales de la estación, se aparean en verano y surge la segunda generación, que se alimenta de las hojas del roble. Tras la metamorfosis, se aparean, y los huevos pasan el invierno para eclosionar en primavera, dando como resultado la primera generación del siguiente año.

El hecho de que la eclosión se produzca en distintas épocas del año no solo tiene como consecuencia una diferencia en la alimentación, sino también en el aspecto, que da lugar a morfos verdaderamente diferenciados. La orugas que nacen en primavera adquieren un aspecto similar al de las flores de los robles de las que se alimentan, con textura rugosa y una coloración con zonas amarillentas, pardas (recuerda a los estambres) y otras más verdosas; mientras, la generación de orugas estivales se asemejan a ramitas de roble, con una cutícula verdosa-grisácea y menos «granulosa». Además, éstas presentan unas mandíbulas más potentes al ser necesarias para cortar las hojas de roble de las que se alimentan.

Considerando las diferentes estaciones, podrían influir factores como la temperatura, la presión atmosférica y las horas de luz en las diferencias morfológicas, pero evidentemente la dieta también es diferente y por tanto una causa más a considerar. Tras criar larvas en laboratorio, se descubrió que el factor determinante era la alimentación, de manera que el morfo primaveral con aspecto de amento sería la forma «básica», y las orugas estivales parece que adquieren el aspecto de ramitas gracias a los taninos presentes en las hojas de las que se alimentan. Esta segunda generación es de menor tamaño y ponen menos huevos cuando son imagos, en referencia a los estados larvarios primaverales. La razón principal parece radicar en los taninos foliares, no presentes en las flores, las cuales son mucho más nutritivas. A pesar de que las orugas comedoras de hojas son de menor tamaño y su eficacia biológica es más reducida, la posibilidad de contar con esta segunda generación supone un incremento de la supervivencia de la especie al aumentar las puestas anuales. Se comprueba claramente cómo, frente a una determinada información genética, el ambiente determina cuál será el aspecto de los individuos, siendo en ambos casos ejemplos de mimetismo adaptado al entorno en el que se desarrolla su actividad vital.

A partir de este ejemplo, podemos interesarnos no sólo por cuál es el detonante ambiental de los cambios, sino la causa fisiológica, qué ocurre durante el desarrollo para llegar al polifenismo. La explicación que se puede encontrar desde la embriología es la llamada «norma de reacción», de manera que el genotipo no es determinista como tal, sino que la información que porta puede dar lugar a una variedad potencial de fenotipos (variedad continua, no discreta) en función de las condiciones del ambiente en el que se desenvuelven.

Así, según la estación, el hábitat, las relaciones con otras especies del entorno... se manifestaría de una u otra manera. Frente a esta disparidad es cuando podría actuar la llamada «selección disruptiva» o «selección diversificadora» que, actuando sobre caracteres cuantitativos, favorece la desaparición de las formas intermedias en favor de los fenotipos extremos, o la «selección direccional», que favorece únicamente a un fenotipo extremo frente a todos los demás.

LA BIOLOGÍA EVOLUTIVA

Si alguien dijera que no sabe qué es una mantis orquídea, habría que explicar primero cómo es, su forma, su color, lo que la caracteriza, su comportamiento, dónde vive o qué come. Si el interés continúa, el siguiente paso podría ser explicar por qué se alimenta de una determinada manera, por qué vive en un hábitat determinado y no en otro, su fisiología... Más allá sería comprender el metabolismo celular, por ejemplo, pero en realidad, cualquiera de estos aspectos se relacionan con el genotipo de ese individuo. Y llegar al origen es entender qué da lugar a la producción de sustancias y comportamientos, cómo des-

Hymenopus coronatus, conocida como mantis orquídea [Kurit Afshen / Shutterstock].

embocan en la formación de estructuras y otras características, hasta conseguir un organismo que se desarrolla en un entorno y bajo unos factores ambientales determinados.

Este tipo de investigaciones embriológicas o de la fisiología del desarrollo, son relativamente recientes. Esto es debido, en parte, a que la síntesis moderna excluyó el estudio del desarrollo del proceso evolutivo, lo cual posiblemente en la actualidad resulte llamativo. La razón principal fue que a principios del siglo XX los estudios morfológicos se veían afectados por el enfrentamiento producido entre embriólogos y anatomistas, cuya visión era evolucionista, y los embriólogos experimentales que pretendían comprender las causas del desarrollo. Como consecuencia de esta situación, durante décadas el análisis del desarrollo de las formas no tuvo cabida bajo la visión evolucionista, lo cual parece paradójico si tenemos en cuenta que el estudio de la adaptación de los individuos va ligado desde hace años a la evolución de las especies.

Haeckel introdujo el término heterocronía en relación al desarrollo; hace referencia a «la desviación de la secuencia y ritmo típicos de la formación de órganos» o «las alteraciones en el ritmo de desarrollo que provocan cambios en la forma y el tamaño de los organismos». Responsable en gran medida de la conexión de la embriología y la anatomía con la teoría de la evolución, también postuló otro mecanismo, la heterotopía, entendido como «el cambio evolutivo en la disposición espacial del desarrollo embrionario de un animal». Ambos procesos serían responsables de la recapitulación ocurrida en los organismos (la teoría de la recapitulación expone, de manera muy simplificada, que la ontogenia reproduce la filogenia).

A pesar de que esta teoría hoy por hoy no es aceptada, no hay que desechar las ideas que impulsaron al naturalista a valorar el hecho objetivo de que el desarrollo embrionario de los diferentes organismos, de las diferentes especies, transcurre de manera diferente y que puede ser debido a cambios en la disposición espacial, en la velocidad o en el momento en que ocurre dicho desarrollo. Fue en la primera mitad del siglo XX cuando comenzó el estudio de la heterocronía de manera más precisa (W. Garstand y G. de Beer comprobaron que se trataba de un proceso mucho más habitual que lo intuido por el propio Haeckel), sin embargo fue Stephen J. Gould quien con su obra *Ontogenia y filogenia* (1977), contribuyó a que la heterocronía alcanzara un *status* más formal.

En los años 70 del siglo XX comienza a tomar forma la llamada biología evolutiva del desarrollo, conocida como «evo-devo», cuyo objetivo principal es relacionar el desarrollo y la evolución. La idea interesa, ya que es importante el estudio en la naturaleza del fenómeno mimético, resultando fundamental comprender cómo se ha llegado a dicha situación. Es necesario comprender las bases genéticas, al tiempo que debe ser posible extrapolar dicha información presente en los genes hasta su expresión corporal en su más amplio sentido de morfología, coloración, pero incluso la manifestación de los genes en referencia al comportamiento.

En los años noventa, la evo-devo centró los estudios en qué procesos dan lugar a una evolución morfológica determinada, alejándose de la descripción o comparación prevalente en años anteriores. Su estudio puede ayudar al entendimiento de cómo los individuos miméticos se han originado a partir de antepasados sin estas capacidades, ya que está aportando una perspectiva acerca de las novedades en los planes de desarrollo, de manera que contempla el papel de los genes en la adquisición de nuevas formas, lo que se suma a otros enfoques bioquímicos para comprender cómo se forman los seres vivos.

Dados los grandes avances que se han hecho en las últimas décadas en esta disciplina, la genética evolutiva propone que las novedades que pueden surgir pueden ser debidas a mutaciones cis-regulatorias, mutaciones estructurales, duplicaciones genéticas, eliminación de genes, etc. No obstante, la información aportada por los genes debe complementarse de manera obligada con la fisiología, con el desarrollo del propio individuo. Es decir, la información de los genes se continúa con las interacciones a nivel molecular, citológico y tisular producidas durante la formación del organismo. A esto habría que añadir el papel del entorno en el que prospera este proceso.

De esta manera, contamos con diversos mecanismos que pueden explicar la formación de nuevas características a partir de otras establecidas, pero también *de novo*. La causa no tiene por qué ser siempre la misma, y es seguro que aún nos quedan por conocer otras, al igual que se han añadido también en los últimos años ideas como la de la inherencia, considerada como la «tendencia hacia la organización y el cambio en determinadas rutas», o la «evolucionabilidad», término acuñado por R. Dawkins y que hace referencia a un potencial evolutivo; dicho potencial implicaría la capacidad de los organismos para dar lugar a características nuevas eventualmente capaces de aumentar la biodiversidad gracias a la presencia de soluciones y estructuras biológicas hasta el momento desconocidas. La selección natural actuaría entonces sobre esas novedades evolutivas, aunque no las hubiera originado.

Cabe retomar la idea de la epigenética, explicada en diferentes momentos y con ciertos matices a lo largo de las últimas décadas, según la cual el ambiente externo influiría en el desarrollo del individuo, modificando el fenotipo que vendría determinado por su genotipo. Las interacciones que se producen en los distintos niveles de organización del individuo durante su desarrollo se verían afectadas por el medio, dando lugar a fenotipos novedosos. Dichos fenotipos pueden corresponderse con un carácter muy concreto, que será el que puede verse afectado por la selección natural, y esto es debido a que el desarrollo ontogenético de las diferentes partes del organismo se produce de manera independiente, de manera que el patrón general puede mantenerse estable, y verse modificada una estructura muy concreta.

A partir de estas ideas, la evo-devo resulta de especial interés ya que permitiría conocer las posibilidades fenotípicas que pueden presentarse durante el desarrollo, lo cual puede ayudar a comprender las posibilidades futuras. Aunque obviamente esta idea simplifica mucho las cosas, es evidente que cuanto más se conozca el funcionamiento de los genes (regulación, expresión...), posibles productos de expresión (bioquímicos, anatómicos o fisiológicos, entre otros), resultados de la interacción con el medio y epigenética, papel de la selección natural y otros muchos aspectos que ya se están investigando y otros que estoy segura que se conocerán, mayor será el entendimiento del origen de las novedades evolutivas.

Desde la perspectiva de los mimetas, los diferentes especímenes conocidos en los distintos grupos de seres vivos muestran verdaderas innovaciones. La apreciación de semejanzas entre especies incluso muy alejadas geográficamente, nos tiene que llevar a pensar en casos de coevolución u otros fenómenos evolutivos, que demuestran la eficacia de dichos cambios. Que el ambiente influye en numerosos casos es evidente atendiendo a muchos de los ejemplos descritos en este libro y que muestran similitudes en especies muy alejadas entre sí, pero que habitan entornos con características afines.

Así, la evo-devo se relaciona directamente con la llamada «ecología del desarrollo», que en los últimos años ha demostrado el papel de factores ambientales en el desarrollo ontogenético de insectos sociales, determinando las castas en función de la dieta o el sexo en función de la temperatura. Esto ha llevado a la fusión de ambas disciplinas, hablándose desde hace un tiempo de la eco-evo-devo (ecología evolutiva del desarrollo, de la que se tratará más adelante), que explicaría la herencia de los cambios derivados de la plasticidad del desarrollo. La estabilización se produciría con el paso de las generaciones por un proceso de integración genética.

OTRAS TEORÍAS DEL DESARROLLO
MÁS ALLÁ DE EVO-DEVO

Además de evo-devo, diversas teorías tratan de explicar los patrones de coloración o morfológicos que presentan las diversas especies. En realidad todas resultan de interés, porque han logrado explicar ciertos aspectos del desarrollo o porque han contribuido a continuar con la investigación del mismo, fuera correcto o no el planteamiento. Así desde que Turing en 1952 sugirió en su modelo de reacción-difusión que la formación de patrones era debida a una autoorganización gracias a la difusión y gradación de sustancias químicas capaces de determinar el destino celular, otros científicos han continuado los estudios bioquímicos, añadiendo información y nuevas posibilidades en la formación de los organismos.

En los años 60 y 70 del siglo XX aparecen los modelos de quimiotaxis celular, según el cual, se produce un mecanismo que implica el movimiento celular hacia arriba según gradientes de concentración química (quimiotaxis), así como la amplificación de dichos gradientes en función de la secreción celular de la sustancia química. En los años 80, surge el modelo mecanoquímico, que da un protagonismo a las interacciones entre las células y la matriz extracelular.

Actualmente se sabe que diferentes especies y características, vienen determinadas por alguno de estos u otros procesos, es decir, no hay una única explicación para todos los organismos ni para cada propiedad de un ser vivo. Así, la coloración de las jirafas parece que puede seguir umbrales de diferenciación, la coloración de las serpientes (posiblemente no en todos los casos) quimiotaxis, y ciertos aspectos del tegumento, el modelo de interacción en dermis y epidermis.

La importancia de todo esto radica en aceptar que la búsqueda de una única explicación plausible para comprender cómo se origina un ser vivo, desde el más sencillo al más complejo, no es razonable. Cada vez se conocen más mecanismos que dan lugar a las partes que desembocan en la formación de un individuo. A esto, además, hay que sumarle peculiaridades tan espectaculares como el llamado gorgojo jirafa (*Trachelophorus giraffa*) o el membrácido *Bocydium globulare*, cuya morfología aparentemente se sale de toda lógica. Estos ejemplos, como otros miles, evidencian que en la naturaleza las formas o coloraciones «normales» no son las únicas. Precisamente muchas de esas formas o patrones de coloración extraordinarios se localizan en especies miméticas, con la salvedad de que en este caso sí presentan claramente una utilidad.

Sea como fuere, y centrando la atención en cualquiera de las modificaciones de las formas básicas, bien por desarrollo excesivo, bien por una reducción, debe ocurrir por una alteración de los mecanismos que dan lugar al desarrollo de extremidades, cuerpo, cola o cualquier localización concreta mediante una morfo-regulación, es decir, a través de

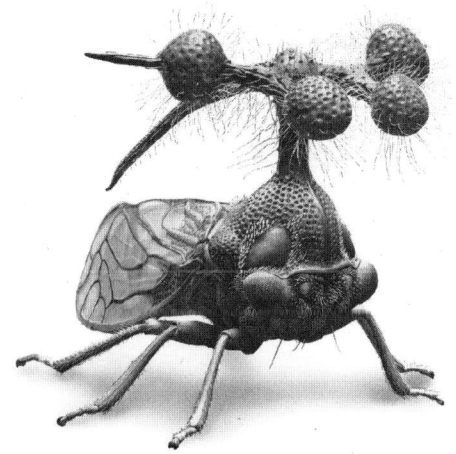

Modelo del extravagante *Bocydium globulare* —un pequeño insecto saltador de la familia Membracidae— luce uno de los diseños más surrealistas de la naturaleza: su tórax está coronado por esferas huecas que simulan semillas u hongos, un camuflaje activo que confunde a depredadores. Estas estructuras no tienen función sensorial, sino que son el equivalente evolutivo a un disfraz tridimensional. En la guerra por la supervivencia, la extravagancia puede ser buena estrategia [Alfred Keller / Shutterstock].

la regulación de los procesos morfogenéticos, dando lugar a cambios fenotípicos que afectan tanto al desarrollo como a la propia evolución.

Los reguladores morfogenéticos implicados dependen de una modulación fisiológica que evita cambios radicales, excesivamente alejados del patrón básico. Sin embargo, cambios en las distintas vías morforreguladoras puede desembocar en fenotipos muy diferentes del considerado normal hasta ese momento. La clave está en si dicha modificación implica un carácter útil, especialmente frente a cambios ambientales bien por migraciones, bien por cambios del ecosistema.

Evolutivamente, el que una especie presente variaciones debidas a la llamada «plasticidad fenotípica» permite la posibilidad de seleccionar características en función de dichos cambios ambientales. No obstante, observando la naturaleza, vemos que no todo es posible, es decir, no todos los fenotipos tienen cabida, lo que significa que los fenotipos atienden a una distribución discreta y no continua.

De esta manera, y revisando el registro fósil, diversos autores entre los que se encuentran Niles Eldredge y Stephen J. Gould, consideran que la ontogenia y las posibles morfologías a las que da lugar, es la responsable de la falta de aquellas que no se encuentran en el pasado. Es decir, la idea resalta el hecho de que la ausencia de formas no necesariamente implica una falta de adaptación, sino simplemente el hecho de que desde un punto de vista del desarrollo embrionario, no puedan originarse. Y es en este punto donde la evo-devo trata de averiguar la causa de la generación de las variantes fenotípicas en lugar del para qué de dichas variantes.

MIMETISMO Y GENÉTICA

ALGUNAS IDEAS GENERALES PREVIAS SOBRE GENÉTICA

Resulta esencial, tanto por los cambios que deben producirse en especies ancestrales para derivar en las miméticas fósiles o actuales, como por la función ecológica que tienen, considerar el papel concreto de los genes. Cómo pueden originarse nuevos genes, o la posibilidad de dar lugar a nuevos fenotipos por modificaciones en el genotipo, son algunos de los aspectos interesantes relacionados con el mimetismo.

Dos décadas antes de descifrarse la estructura molecular del ADN, Haldane y Muller dedujeron a partir de diferentes investigaciones, que la duplicación de genes podría derivar en nuevas funciones de alguna de las copias producidas, lo cual en la actualidad ha sido confirmado. No solo eso, los genes duplicados no son excepción en las células eucariotas sino todo lo contrario, y asumen funciones fundamentales. Puede implicar fragmentos cromosómicos (por tanto genes completos) o fragmentos de genes (duplicación segmentaria), habitualmente producidos ambos fenómenos por fallos durante la meiosis. Otra posibilidad, más frecuente en vegetales que en animales, es la poliploidía, es decir, la duplicidad de genomas completos.

Sea como fuere, cuando un gen es duplicado (pensemos en uno, y extrapolemos en un número mayor llegado el caso), es bastante habitual que tenga lugar una «pseudogenización», es decir, el segmento de ADN producido no llega a ser transcrito. Pero por circunstancias que aún se siguen dilucidando, en ocasiones una de las copias puede adquirir una nueva función («neofuncionalización») o producirse una «subfuncionalización» de la misma, lo que implica que no llegarían a producirse caracteres nuevos, sino que las copias realizan una función relacionada con la original, produciéndose una división de tareas, como una especialización o división del trabajo.

Estudios recientes confirman que la duplicación también afecta a genes reguladores, como los microARN, con un papel regulador postranscripcional, o los ARN asociados a Piwi, expresados en las líneas germinales y relacionados estrechamente con los transposones, aunque en el caso de los ARN no codificantes de más de 200 nucleótidos, aún no hay estudios suficientes.

Estudios posteriores, y en especial los de las últimas décadas, han determinado que la aparición de nuevos genes puede darse, además, por otros mecanismos, como la codificación de nuevas cadenas polipeptídicas, la transcripción de ARN a partir de secuencias no funcionales, fusiones génicas o por la acción de transposones e incluso la inserción de material genético vírico en el genoma de la célula infectada.

Así, los mecanismos de retroduplicación o retroposición suponen una nueva fuente de duplicación de genes a partir de un ARNm que mediante enzimas como la retrotranscriptasa origina un fragmento de ADN capaz de insertarse en el genoma. Este fenómeno, asociado con los retrovirus, también sucede como parte habitual de la genética de las células, dando lugar a los llamados «retrogenes». Dichos retrogenes obtienen los genes reguladores necesarios para su funcionamiento por diferentes mecanismos. Como genes reguladores presentes en las proximidades del lugar donde se insertan, pueden emplear secuencias protopromotoras próximas no utilizadas por otros genes; en ocasiones retrotransposones «aguas arriba» actúan como los genes reguladores necesarios. También es posible la formación *de novo* de los mismos.

Aunque tanto la duplicación de genes como en la adquisición de retrogenes aparentemente podrían dar lugar a nuevas características de forma equitativa en mayor o menor medida, lo cierto es que es el segundo mecanismo el que proporciona mayoritariamente la posibilidad de adquirir nuevas funciones. De hecho, se relacionan con la evolución del cerebro en nuestros antepasados o, en el caso de una retrocopia de un gen de factor de crecimiento, guarda relación con el desarrollo de patas cortas en ciertas razas de perros.

Atendiendo a esto último, surge una reflexión. Aunque no se conocieran más casos similares, considerando que hay una clara relación causa-efecto entre el origen genético y la variación fenotípica, podría considerarse el hecho de que variaciones morfológicas ocurridas en el cuerpo de ciertas especies hubieran derivado de retrogenes, de manera similar a como se han modificado el largo de las extremidades de conocidas razas de perros. No solo esto, el haber localizado e identificado ya cientos de retrogenes en especies tanto de animales (vertebrados o invertebrados) como de plantas, al menos debe servir para tenerlos en consideración para la formación o desarrollo biológico de los individuos, y por tanto para su posible participación en la modificación de los patrones corporales encontrados en especies miméticas.

El origen de los llamados «genes quimera» también debe ser tenido en cuenta. Obtenidos por la fusión de genes consecutivos, su transcripción puede desembocar en nuevas funciones o características, lo cual se está investigando en los últimos años, al tratarse de un fenómeno menos infrecuente de lo cabía esperar. También en estudio se encuentran los llamados «genes *de novo*», surgidos de secuencias de ADN no codificantes y no repetitivas, cuyo origen se va vislumbrando, aunque aún queda mucho trabajo por hacer.

A pesar de que se conocen y se han descrito genes nuevos en diferentes especies (desde la pequeña drosófila hasta nuestros ancestros), es un campo aún en desarrollo. De hecho, una investigación reciente describe la aparición de nuevos genes en *Drosophila*, donde se ha comprobado que los genes *de novo* no solo no son excepcionales, sino que posiblemente se trata de un proceso frecuente evolutivamente hablando. De hecho, algunos autores consideran que podría ser más frecuente que la duplicación génica. En *D. obscura* han encontrado que la tasa de ganancia y de pérdida de genes mantiene un equilibrio.

Uniendo ambas ideas, puede deducirse que la aparición de genes *de novo* ha podido colaborar en la diversificación de los seres vivos ya que, si se trata de un fenómeno frecuente, al menos un porcentaje de la información puede haberse manifestado en un fenotipo diferente al original de la especie portadora. De hecho, en algunos estudios con estas moscas se ha podido comprobar como los genes nuevos más antiguos tienen menos posibilidades de perderse, y más de resultar funcionales al ir progresivamente mejorando su expresión.

Esto habría tenido más importancia en la historia de la Tierra en momentos de radiación, de explosión de la biodiversidad, acontecidos tras grandes extinciones. Es en estos momentos cuando quedan más nichos disponibles, y las condiciones a menudo se han visto modificadas, por lo que la aparición de nuevos genes, de nueva información, puede conllevar nuevas posibilidades de supervivencia o al menos, nuevas características sobre las que podría actuar la selección natural, la selección sexual, la deriva genética o algún otro factor determinante de la evolución de las nuevas formas. Por todo esto, resultaría posible que al menos algunas de las particularidades que singularizan a una especie mimética, puedan tener su origen en esta novedad en el genoma.

Siguiendo con las posibles adquisiciones de nuevos genes, no debería olvidarse la transferencia horizontal. A pesar de que este fenómeno es especialmente conocido por las bacterias, en organismos eucariotas también se produce. Consiste en el intercambio de material genético sin haber reproducción de por medio, es decir, no hay descendientes implicados. Aunque los casos conocidos en la actualidad no guardan relación con el mimetismo, al menos habría que tener en mente esta posibilidad.

Uno de los organismos investigados es un rotífero, que ha llegado a adquirir genes de bacterias, hongos y plantas por diferentes mecanismos. También se conoce transferencia de una bacteria a *Drosophila*. Las características que observamos en común en especies mimetas no emparentadas, o incluso geográficamente alejadas o aisladas, podrían tener su origen en la adquisición de genes de otros organismos, que les hubieran proporcionado dicha característica. Considerando el gran protagonismo que tienen las bacterias en este tipo de intercambio genético, quizá no es descabellado plantearnos el potencial papel que tienen.

GENÉTICA DEL DESARROLLO

Los estudios moleculares, principalmente en *Drosophila*, comenzaron a desvelar en la década de los setenta del siglo XX genes responsables de la diferenciación celular y la morfogénesis, como los homeobox (Hom y Hox), cuyos productos son proteínas reguladoras que al unirse a secuencias del ADN controlan la transcripción de otros genes. De esta manera, los productos resultantes de los loci Hox determinan posiciones de células o estructuras en el embrión, pero no las estructuras como tal, que al parecer se formarían gracias a la información de otros genes regulados por los Hox.

Es, por así decir, como si los genes homeóticos fueran el arquitecto que realiza un plano con la distribución espacial y temporal de un edificio que se va a construir, y los demás genes fueran los obreros que lo realizan siguiendo las instrucciones. Aunque inicialmente los genes Hox fueron asociados a la segmentación corporal, y por tanto se consideró que su origen podría haber ocurrido durante la explosión del Cámbrico, lo cierto es que se han encontrado genes homólogos a los Hom y a los Hox en organismos tan alejados taxonómicamente como es el caso del nematodo *Caenorhabditis elegans*, animales sin eje anteroposterior como poríferos o cnidarios, e incluso en hongos y vegetales. Por tanto parece que no es disparatado pensar que el origen de estos genes sea incluso anterior al periodo Cámbrico.

La importancia de su descubrimiento radica en varios aspectos. Desde luego el conocimiento de su función abrió una puerta al entendimiento de cómo se lleva a cabo el plan corporal de los animales, y cómo cambios específicos en la agrupación de los genes Hox dan lugar a diferentes clados. De hecho, si observamos el filo más numeroso de animales que existe, los artrópodos, y nos fijamos en las diferencias que presentan entre ellos, con evidentes los cambios a lo largo del eje anteroposterior que permite clasificarlos en los subfilos y clases conocidos, puede apreciarse la importancia de los genes Hox. Así, según se encuentren activados o reprimidos los diferentes loci gracias a la acción del producto de otros genes, a su vez actuarán sobre los procesos de desarrollo de los organismos. Al tener todos los artrópodos los mismos genes homeóticos, hay que entender que en función del momento y el lugar de expresión darán lugar a una morfología u otra.

A partir de esto surge una cuestión, y es cuál puede ser el papel de estos genes en el desarrollo corporal de las especies miméticas. Vamos a considerar por ejemplo el caso de las arañas mirmecomórficas. Además del comportamiento y de semejanzas químicas, es obvio el parecido en el aspecto entre ambos grupos de artrópodos. ¿Podría ser debido a que la expresión de los genes homeóticos es diferente en las arañas «normales» y en las miméticas? La comparación de la expresión de estos genes en arácnidos filogenéticamente próximos, en concreto en especies miméticas y no miméticas, podría resultar de interés para conocer el papel que tienen.

¿Y qué ocurre con insectos con aspecto de hoja? Esta morfología se encuentra en diversos grupos, como los fásmidos fílidos *Tropidoderus childrenii*, saltamontes del género *Orophus* o mántidos

Insecto hoja (Phylliidae) [Nikolas Gregor / Shutterstock]; mantis con
aspecto de hoja seca (*Deroplatys lobata*) [Kurit Afshen / Shutterstock] y el
extraño gecko *Uroplatus phantasticus* [Jiri Balek / Shutterstock].

como *Deroplatys* (láminas II y III). La pregunta que cabe proponer en este momento es si los genes relacionados con el desarrollo corporal muestran una expresión diferente respecto a congéneres no filomorfos, considerando tanto la cuestión temporal como la espacial.

Lo mismo podríamos plantearnos en el caso de vertebrados como los geckos del género *Uroplatus*, cuyas prolongaciones hacen que adquieran un aspecto a menudo muy difícil de distinguir de una hoja seca y algo retorcida, o peces como los signátidos, con aspectos similares a las algas, o cualquiera de las especies de las llamadas rana-hoja. ¿Intervienen genes de desarrollo como el FGF-2, ZAP o WNT7a? Implicados en el progreso de los tres ejes de las extremidades (próximo-distal, antero-posterior y dorso-ventral), variaciones en los gradientes o en el tiempo de exposición podrían desencadenar diferencias en la morfología final. La cuestión es, entonces, si la posibilidad de morfologías concretas y útiles para el engaño a partir de las formas que podríamos llamar básicas, son debidas a la expresión diferencial de cualquiera de estos genes o a otros aún por conocer.

La posibilidad de que patrones morfológicos tan especiales se originen puede depender de la variación en la expresión génica o debido a mutaciones que en la actualidad permanecen estables (y por tanto ya no deberíamos hablar de mutaciones como tal sino de alelos). En el primer caso el abanico de posibilidades es inmenso, ya que pueden ocurrir varios sucesos que den lugar a diferencias en la expresión, como los que tendrían que ver con los genes reguladores, los implicados directamente en la expresión, e incluso otros que pudieran afectar en determinadas circunstancias. A partir de esto, las combinaciones son factibles.

Actualmente se empieza a conocer la genética del mimetismo, pero especialmente la que tiene que ver con el color, y en mayor medida en las mariposas. Recreamos así la historia del conocimiento mimético, ya que estos insectos fueron los primeros en llamar la atención a Bates y Müller, y parece que los actuales científicos «de laboratorio» también han comenzado con los lepidópteros para entender el fenómeno. Sin olvidar este campo relacionado con las coloraciones, es fundamental retomar el desarrollo de las formas de aquellas especies que han visto modificado el patrón básico para aparentar lo que no son.

Para explicar esta idea se puede plantear el siguiente caso. El gen Distal-less (Dll) permite la extensión del primordio de una extremidad de manera distal en artrópodos. Cuando dicho gen se expresa anormalmente, puede dar lugar a extremidades ramificadas, como se ha comprobado en drosófilas. La alteración en la regulación de la expresión de Dll, o cuándo o dónde lo hace, puede dar lugar a extremidades modificadas que no siguen la morfología esperada. ¿Tiene que ver este gen con, por ejemplo, las prolongaciones que exhiben en las extremidades insectos como los ya mencionados fásmidos o los grillos-liquen? (lámina XLIII).

Si fuera así, se trataría de una versión de Dll que presentan determinadas especies, por lo que evolutivamente sería más fácil asimilar que a partir de un gen, sus cambios en la expresión, la presencia de nuevos alelos aparecidos tiempo atrás por mutación o cambios epigenéticos estables han proporcionado los fenotipos de los que hablamos. Sin embargo estas morfologías extraordinarias también se encuentran en otras partes del cuerpo. Basta pensar en cualquiera de los ejemplos mencionados.

Aunque esto plantearía la posibilidad de que sean otros genes los encargados de producir prolongaciones laminares o filiformes, excrecencias... que den como resultado el aspecto final mimético, estudios con anticuerpos anti-Dll demostraron que se expresa, además de en las extremidades, en la pared corporal, en partes distales de los lobópodos de onicóforos (*Peripatopsis capensis*), en parápodos de anélidos (*Chaetopterus variopedatus*), pies ambulacrales de erizos de mar y en ampollas de enganche de un tunicado. ¿Es Dll el responsable también del mimetismo morfológico de otras especies?

Aunque no fuera así, la existencia de un gen capaz de expresarse en diferentes partes del cuerpo y extremidades dando estructuras aparentemente homólogas, abre la vía a la posibilidad de un gen, o familia de genes, capaces de explicar cómo se consiguen estas formas. Si atendemos al hecho de que no solo en artrópodos, sino en otros invertebrados, y además en al menos un cordado (tunicado) comprobamos la expresión de Dll, es lógico pensar que la morfología foliar de saltamontes, fásmidos, ranas o geckos puede guardar una relación genética.

¿Y qué sucede con las plantas? Las formas florales de muchas de ellas engañan visualmente a insectos que se aproximan inocentemente creyendo que se trata de un congénere, normalmente una hembra con la que copular. En las plantas los genes responsables de la morfología de las flores son equivalentes a los genes homeóticos animales en cuanto a que determinan qué órganos y dónde aparecen, y por la presencia del dominio MADS (factores de transcripción), análogo al de los genes Hox.

Así, las mutaciones en los genes homeóticos ABC son quienes provocan la aparición de flores sin sépalos o pétalos (AP1), con pétalos o estambres alterados (AP3) o que no tengan órganos sexuales (AG). Hay que añadir, además, la acción del gen regulador LEAFY (LFY) que actúa directamente sobre AP1 e induce AP3 a través del gen UNUSUAL FLORAL ORGANS (UFO) y a AG a través de un factor X. La combinación de la expresión o no de todos estos genes en determinados momentos, es lo que determina la formación de los órganos florales.

Si estos son los genes que dan lugar a la creación de las flores, estarán relacionados con la adquisición de morfologías engañosas. La cuestión a dirimir es si se trata de alternativas, alelos que existen en determinados taxones, o si las variaciones se deben a la influencia de otros genes de tipo regulador, a la epigenética, al adaptacionismo... Respecto a la epigenética, tendría que tratarse de un cambio ya estabilizado a nivel genético, ya que se trata de especies antiguas. ¿Hubo una influencia ambiental que ya no resulta necesaria por estabilización?

Pudiera ser, aunque hay que tener en cuenta que los genes de las cajas MADS se diferenciaron aproximadamente cuando surgieron las primeras plantas terrestres, y por tanto aún sin flores. Es más, en plantas sin flor tan variadas como helechos o pinos, estos genes participan estrictamente en la formación de las estructuras reproductivas. Todo parece indicar que adquirieron un papel adicional relacionado con la formación de la estructura floral en las angiospermas.

GENÉTICA EVOLUTIVA

Los genetistas evolucionistas están interesados desde hace décadas en el estudio del mimetismo en las mariposas, para comprender la base genética y cómo ha ido evolucionando. R. Punnett es principalmente conocido de manera popular por el llamado «cuadro de Punnet», útil para determinar las proporciones genotípicas y fenotípicas de los descendientes de cruces genéticos concretos. Menos públicos resultan los estudios que realizó, al igual que otros genetistas, sobre el tipo de transmisión genética que presentan muchos polimorfos que pueden encontrarse en la naturaleza y que siguen una herencia mendeliana. Es el caso de *Papilio polytes*, cuyo polimorfismo depende de un locus simple.

A partir de aquel momento, los partidarios del entonces recientemente redescubierto mendelismo, entre los que se encontraba en propio Punnet, consideraron que el mimetismo (y el melanismo) se producían por un mecanismo menos gradual que el argumentado por
Darwin. Sin embargo Ronald Fisher (1890-1962) se posicionó en contra del genetista combinando las leyes de Mendel y la selección natural
darwiniana gracias a las matemáticas, y contribuyendo a la conocida
como síntesis evolutiva moderna (publicado en *The Genetical Theory
of Natural Selection* y donde hay un capítulo dedicado al mimetismo).

Extrapoló los estudios realizados sobre el genotipo del sexo a la
mímica, de manera que por analogía consideró que el locus relacionado habría evolucionado de forma gradual, acumulando modificaciones hasta un fenotipo diferenciado del original. Tras él, Ford se convirtió en uno de los primeros defensores de la importancia de las leyes
de Mendel en la biología evolutiva y en relación a la selección natural.
Sus estudios abarcaron otros aspectos, llegando a evidenciar cómo las
presiones selectivas resultan efectivas en las evolución de las poblaciones naturales, además de demostrar empíricamente las ideas de
Fisher sobre el papel de la selección natural para el mantenimiento de
polimorfismos estables dentro de una población. Esta demostración
fue relevante desde el momento en que contribuyó a comprender algo

Papilio glaucus, morfo claro [Aniko Gerendi Enderle / Shutterstock].

mejor el por qué de la presencia de polimorfismos, lo cual suponía un verdadero quebradero de cabeza para los adaptacionistas.

El estudio de las mariposas resulta imprescindible en este campo, ya que existen numerosos casos dignos de mención y, por supuesto, por la importancia histórica que presenta este grupo gracias a las investigaciones de Bates y Wallace. En norteamérica las formas melánicas de *Papilio glaucus* presentan un mimetismo batesiano respecto a *Battus philenor*. Esta última tiene un sabor desagradable y cierta toxicidad para los depredadores, de lo cual se aprovechan los mutantes oscurecidos de la mariposa cola de golondrina.

Este cambio de coloración fue estudiado por Koch en 2000, y descubrieron que está determinado por un gen localizado en el cromosoma W (equivalente al Y humano) y dado que el sexo heterogamético en lepidópteros es el femenino, el mecanismo se transmite a la descendencia femenina. En relación con los imagos de *P. glaucus*, las hembras pueden presentar dos posibles coloraciones; el fenotipo salvaje tiene alas color amarillo pálido, con manchas de colores variados (oscuras, afiladas y rojas), y el melánico, oscuro con pequeñas manchas amarillentas en las alas anteriores, y en las posteriores amarillas, azules y rojas sobre el fondo oscuro.

Papilio glaucus, morfo oscuro [Agnieszka Bacal / Shutterstock].

Durante el desarrollo de las alas, los papiliocromos responsables de las coloraciones amarillentas y anaranjadas se depositan antes que la melanina, sin embargo, ambos pigmentos se sintetizan a partir de la dopamina. La enzima que hace posible que se dé una u otra posibilidad es la BAS (N-β-alanildopamina-sintasa), ya que participa de la ruta de síntesis de los papiliocromos, además de en la esclerotización de la cutícula. En las hembras melánicas, esta enzima está suprimida, de manera que se produce la coloración oscura en lugar de la amarilla, al no poder sintetizarse estos pigmentos (las pequeñas manchas amarillas que sí permanecen, parecen deberse a la actividad residual del BAS). Sumado a esto, la esclerotización de las escamas amarillas se ve retrasada hasta aproximarse a la maduración de las escamas oscuras. Así, las zonas que debían ser amarillas terminan por ser melánicas. Desde el punto de vista del mimetismo, lo interesante es que estas formas oscuras se confunden con *Battus philenor*, mariposa aposemática peligrosa para los depredadores, gracias a la toxicidad que adquieren de su alimento (plantas del género *Aristolochia*).

De la misma manera que cuando se estudian (y llevamos siglos así) ejemplares para determinar si pertenecen a una especie conocida o es una nueva, se emplean infinidad de caracteres morfológicos, no

Ejemplar de *Battus philenor* [A. Viduetsky / Shutterstock].

parece que tenga sentido que a nivel molecular nos conformemos con un solo gen. De hecho, el estudio de *Heliconius* evidencia esta situación de manera muy gráfica gracias a las filogenias. Así, la comparación de los estudios realizados por análisis de morfología y caracteres ecológicos, por análisis cladístico de secuencias de ADN mitocondrial, las relaciones cladísticas separando COI y COII y las basadas en wingless, arrojan diferencias suficientes como para entender que no pueden hacerse estudios parciales para comprender la naturaleza, y desde luego un fenómeno tan complejo como el mimetismo.

Más aún, la filigrana resultante de combinar los resultados de los dos últimos análisis muestran, como era de esperar, un árbol diferente a cualquiera de los anteriores. No obstante, el valor de los estudios parciales es innegable siempre y cuando se tenga en mente lo complejo que resultan los organismos en cuanto a genotipo, y desde luego respecto a la expresión del mismo. Además, la realización de metaanálisis abre un campo de posibilidades verdaderamente importante. Así, en lepidópteros como el ya citado género *Heliconius*, se han realizado estudios genéticos comparativos que revelan la existencia de una región que controla las variaciones en la mayoría de las especies, y que en la mayor parte de los casos la evolución ha sido paralela salvo en aquellos en los que se ha producido el fenómeno de introgresión, es decir, una recombinación genética tras hibridación interespecífica.

En *H. numata* se ha determinado qué parte del genoma da lugar al polimorfismo observado, comprobándose que nunca se producen coloraciones intermedias debido a que son genes muy estrechamente ligados y con inversiones de algunos segmentos, por lo que no tiene lugar la recombinación en la profase I de la meiosis en esta región genómica. De esta forma, la posibilidad de que aparezcan combinaciones fenotípicas no adecuadas se anula, y supone una demostración de los diferentes pasos que la evolución ha tenido que dar hasta llegar a este tipo de mimetismo en las mariposas. Las inversiones de segmentos dan lugar a su vez a las diferencias observadas entre individuos, y los descendientes presentarán un genotipo en consonancia con el tipo de herencia, de dominancia, para cada uno de los genes implicados.

Estos genes determinan diferentes aspectos relacionados con el mimetismo (color, patrones, colas en las alas posteriores...), y constituirían un complejo poligénico polimórfico o «supergen». Son abundantes los estudios genéticos realizados para comprender el mimetismo batesiano de muchos lepidópteros, y la presencia de genes ligados ha llevado a la hipótesis de este «supergen» que explicaría por qué solo perviven las formas ventajosas gracias a la falta de recombinación.

En uno de ellos se comprobó cómo el patrón de coloración de las helicónidas vendría determinado por 5 loci: optix, cortex, WntA, y otros dos genes que aún deben concretarse. Respecto a estos últimos, en *H. melpomene* parece que se localiza en el cromosoma 13, y el llamado locus K implicado en el cambio de color entre amarillo y blanco en *H. melpomene* y *H. cydno* ha sido localizado en el cromosoma 1. Optix es el responsable de los patrones de color rojo, naranja y marrón en *H. erato*, *H. melpomene* y *H. cydno*.

Desde un punto de vista genético, este gen se encarga del desarrollo del ojo de *Drosophila* y otros organismos, mientras que en los lepidópteros adquirió un papel radicalmente diferente al ser responsable de la diferenciación de las escamas que deben mantener unidos el primer y segundo par de alas. En las especies citadas, asume la definición del patrón de coloración específico que las caracteriza, en función de cómo se regula su expresión. En relación con cortex, los estudios parecen indicar que la presencia de elementos reguladores dispersos defi-

Heliconius cydno, variedad cebra [Bildagentur Zoonar GmbH / Shutterstock].

nen las variantes a las que da lugar. Mientras que en *H. erato, H. melpomene* y *H. cydno* determina las coloraciones blancas y amarillas, en algunos morfos de *H. numata* solapa con dos inversiones que controlan el negro, el naranja y el amarillo de las alas (láminas XXIV y XXV).

El gen WntA guarda una estrecha relación con los anteriores debido a que controla el tamaño y la forma de las coloraciones deter minadas por optix y cortex en *H. erato* y *H. melpomene*. En otras especies, como *Limenitis arthemis*, controla los patrones de coloración de las poblaciones miméticas y no miméticas. Respecto a esta última especie, se han investigado los cambios evolutivos de formas crípticas a mimetas batesianos y viceversa, secuenciando un gen mitocondrial, la subunidad II de la citocromo oxidasa (COII), y dos genes nucleares, el factor de elongación 1 alfa (EF1α) y wingless.

Para la citocromo oxidasa no se encontraron haplotipos comunes entre las formas mimética y críptica de *Limenitis arthemis*, al igual que se encontraron entre las dos subespecies miméticas (*L. a. astyanax* y *L. a. arizonensis*). De manera similar sucedió con otras especies del género, en contraste con los resultados obtenidos en las secuenciaciones de EF1α, que evidenciaron la presencia frecuente de haplotipos. Finalmente, wingless fue estudiado en cuatro ejemplares, que mostraron haplotipos idénticos. Utilizando datos genéticos, junto con otros de tipo ecológico y biogeográfico, concluyeron que las formas crípticas estudiadas se han producido a partir de los imitadores batesianos debido a la ausencia de organismos modelo.

Resulta interesante este enfoque múltiple, dado que con mayor probabilidad aporta una información más amplia, y por tanto más próxima a la realidad, que cuando los estudios se realizan desde una única perspectiva. Si se considera exclusivamente el medio natural para entender la presencia de formas crípticas, es posible que no se valore la posibilidad de que hayan desaparecido las especies modelo y se haya producido una evolución del aspecto hasta asemejarse al primitivo. Y en realidad es bastante lógico si se tiene en cuenta que si dicha situación sucedió en tiempos pasados, puede que ni siquiera se conociera la que podríamos llamar «etapa imitadora» de la especie.

El estudio genético de filogenias en las que existen especies o subespecies tanto crípticas como miméticas pueden dar una información complementaria que ayude a dilucidar qué ha sucedido. Por otro lado, resulta increíble pensar cómo una misma especie puede mostrar dos estrategias de supervivencia tan íntimamente relacionadas y al mismo tiempo tan contrarias en su orientación, como es pretender la ocultación o la exhibición, en función de las circunstancias ambientales en las que se desarrolle su existencia. Evidentemente esto no es ni premeditado ni instantáneo, y el papel de los genes y sus reguladores es imprescindible. La cuestión es si podemos englobar situaciones como la descrita en *Limenitis arthemis* como consecuencia de la epigenética. Es decir, cabe plantearse si la actuación de los genes para desembocar en un fenotipo críptico a partir de ascendentes miméticos con características aposemáticas, se deriva del papel determinante del ambiente como regulador de la actividad de los genes implicados.

En el caso de *H. numata* este supergen P puede presentar tres posibles ordenaciones, haplotipos, cada una de las cuales da diferentes patrones de coloración en función de dicha ordenación, y de los alelos presentes en cada uno de los genes ligados. Esta región ha sido estudiada detalladamente en esta especie comparando sus patrones de coloración con los de las especies modelo. Diferentes estudios realizados parecen indicar que el gen cortex es el locus principal, y quien soporta más diferencias genéticas relacionadas con los posibles morfos. No obstante, es muy posible que haya otros genes implicados, ARN no codificantes aún por identificar, u otro tipo de reguladores.

Este mismo gen, específico de insectos, es además el responsable de las formas melánicas de *Biston betularia*, capaces de camuflarse de las aves durante la revolución industrial debido a que la coloración hacía que pasaran desapercibidas cuando se encontraban posadas sobre cortezas de árboles oscurecidas por la contaminación. Empero, la principal diferencia podría ser que se diera una sola mutación para las formas melánicas, aumentando la expresión de melanina en alas y cuerpo, mientras que las especies miméticas habrían sufrido un número mayor de cambios que resultaran en la diversidad de morfos conocidos.

Biston betularia, variedad clara [Shahi Malik / Shutterstock].

La secuenciación de las bases del genoma de *B. betularia*, comparando formas melánicas y fenotipos salvajes, condujo a la conclusión de que las diferencias se localizaban en el ya citado gen cortex. Considerando que interviene en el desarrollo de las alas en la fase prepupal de esta especie, podría ser en ese momento en el que influyera desde la perspectiva del camuflaje con los fondos ricos en hollín. Así pues, este gen está implicado tanto en las formas melánicas de ciertas especies de mariposas, como la adquisición de morfos miméticos en otros géneros; más allá de las especies consideradas, también participan en el desarrollo del patrón de color de otros lepidópteros como la mariposa *Bicyclus* y la polilla de seda *Bombyx*. Por si esto pareciera poco, sorprende la versatilidad de este gen considerando que la función por la que fue conocido nada tiene que ver con cualquiera de estos aspectos, ya que está implicado en la regulación de la mitosis en *Drosophila*.

Asimismo, y volviendo al género *Heliconius*, en 2018 se determinó mediante edición genómica por CRISPR el papel de los genes Aristaless. Este gen da lugar a un factor de transcripción implicado en ciertos patrones alares (y curiosamente también en el patrón de apéndices de *Drosophila*), y su estudio se une al de los genes wntA, optix, cortex o el locus K, implicado en la deposición del pigmento amarillo alar. En conjunto, estos, y seguro que otros genes ya en estudio o aún por descubrir, suponen la base de las relaciones miméticas de estas especies pero además, cumplen un papel importante incluso en la elección de pareja. Esta investigación supone un avance importante en la comprensión de la base genética del mimetismo gracias al estudio de un número elevado de especies.

Como se comprueba, según se realizan estudios sobre el genoma de diferentes lepidópteros, se advierte que aún queda mucho por conocer. Relacionando los principales géneros tratados, *Papilio* y *Heliconius*, las investigaciones llevadas a cabo señalan que no existe un único mecanismo. Así pues, en el género *Heliconius* sí parece existir un supergen, constituido por varios loci (cada uno de ellos parece tener diversos efectos sobre el fenotipo y a veces incluso superponerse y variar en su magnitud), pero en *Papilio* el mimetismo se debería a un gen.

Fue argumentado ya en 1915 por Punnet que el mimetismo en *P. polytes* era debido a un solo locus que daba lugar a los diferentes morfos, y junto con Fischer debatió sobre las causas genéticas del mimetismo, relacionándolas por analogía con la determinación sexual. En la actualidad se ha descubierto la implicación del gen autosómico dsx (*doublesex*) en el fenómeno de la imitación más allá del control que ejerce en la diferenciación y el dimorfismo sexual en los insectos. Llama la atención que una modificación de múltiples rasgos no dependa siempre de un conjunto de genes, pero lo cierto es que diversas investigaciones realizando estudios genéticos con lepidópteros han encontrado especies en las que un solo locus es el protagonista.

Las investigaciones realizadas por mapeo genético y comparando los genomas de *P. polytes* y 30 especies (miméticas y no miméticas) concluyeron la asociación del gen dsx con el mimetismo, si bien aún faltan conocer en profundidad cómo un gen controla aspectos tan diversos. En otras ocasiones se consideró como hipótesis de partida que en ambos casos, tanto si es uno o son varios los genes implicados, se habrían producido diferencias en la secuencia de ADN, que diferenciarían individuos miméticos y no miméticos. La secuenciación de regiones de genoma de *P. polytes* permitió concluir que solo un gen es el responsable de los diferentes morfos miméticos de esta especie, variedad que llega a provocar incluso la aparición de razas geográficas. Dicho gen volvía a ser de nuevo el doublesex, y estaba implicado en el mimetismo de las razas estudiadas. Además, como postulaban, las variaciones en la secuencia diferenciaban a los individuos miméticos de los no miméticos.

En el género *Papilio* se ha corroborado la implicación del gen dsx, de manera que las hembras de *P. polytes* pueden ser miméticas de diferentes especies próximas tóxicas del género *Pachliopta*, además de sus propios machos (los cuales no pueden imitar a ningún otro individuo). Resulta curioso que al menos en ciertos mimetas, el gen implicado se encuentra invertido respecto a la disposición salvaje, de manera que la recombinación queda imposibilitada.

Desde un punto de vista evolutivo, las inversiones pueden presentar una ventaja para los individuos que las presentan. En el caso de que la posibilidad de recombinación de un gen, o conjunto de genes, se vea anulada por dicha mutación cromosómica, al mantenerse intactos, la supervivencia del individuo se verá aumentada. Al producirse un aislamiento de la información desde un punto de vista genético, quienes la poseen puede verse beneficiados al asegurarse que no se alterará al recombinarse con alelos menos ventajosos. De hecho, las inversiones cromosómicas son un tipo de aislamiento reproductivo, que en el caso de participar de las características que favorecen la imitación, resulta claro que promueve resultados puros, y más eficaces, que en el caso de los híbridos.

Relacionado con este hecho hay que considerar los estudios con helicónidas que aparentemente demuestran lo contrario, es decir, la ventaja de los heterocigotos o los híbridos frente a los individuos puros. Tal situación es debida a la posibilidad de pertenencia a distintos anillos de mimetismo. ¿Cómo aceptar situaciones contrarias como adecuadas? Para ello es necesario comprender la complejidad de la naturaleza y de los ecosistemas. Las múltiples relaciones que se dan entre los diferentes seres vivos, pertenezcan al reino que pertenezcan, sumado a elementos abióticos como la radiación procedente del sol y que puede ser captada de diferentes maneras según la visión de los diferentes animales, implica una infinidad de posibilidades que no siempre se tienen en cuenta.

Cuando una población habita en un entorno concreto y en mayor o menor medida aislado, posiblemente resulta ventajosa una imitación «pura» en el sentido de mantener un patrón de coloración concreto y poco variable. Sin embargo, si con frecuencia los individuos pueden moverse de manera que interactúen con otros a los que imitan, con patrones diferentes entre sí, la posibilidad genética de producir morfos también distintos resultará propicia para evitar ser depredados. Así pues, el relacionar los estudios genéticos con estudios ambientales puede revelar mucha más información que ayude a comprender las relaciones miméticas.

En relación con esto, puede señalarse lo que ocurre en algunas especies, como *Papilio memnon* o *P. dardanus*, el número de morfos de hembras es similar, y parece que controlado por un solo locus aunque aún deben continuarse los estudios genéticos. En 1960 ya se realizaron trabajos de campo que concluyeron que sobre esta última especie, *P. dardanus*, actuaría una selección disruptiva que favorecería hembras con hasta tres posibles fenotipos miméticos de otras tantas especies tóxicas, en regiones tropicales de África.

Dentro del mismo género, en *P. glaucus* existe un morfo femenino mimético y no mimético, y se sabe que presenta un control genético asociado a un locus del cromosoma W. Los análisis han permitido saber que la baja frecuencia de alelos modificadores ligados al Z provienen de la hibridación con *P. canadensis*. Así pues, resulta evidente que los genes implicados en el mimetismo en este género de lepidópteros, resulta muy diferente en función de la especie de la que se trate, de tal manera que algunas presentan una herencia ligada al sexo, por ejemplo *P. glaucus*, mientras que otras presentan un control ajeno al sexo del individuo, como ocurre en el polimorfismo del anteriormente comentado *P. polytes* o *P. dardanus*. Por otro lado, en este género se han realizado estudios en los que se han determinado la presencia de factores de transcripción que también estarían implicados en el fenómeno que nos ocupa.

Los numerosos análisis genéticos que se han realizado en diversas especies a menudo han arrojado resultados sorprendentes, especialmente en lo referente a las filogenias de taxones. A este respecto además de los estudios filogenéticos de lepidópteros del género *Heliconius*, son interesantes los estudios sobre geckónidos del género *Uroplatus*, determinantes para el descubrimiento de nuevas especies cuyas diferencias morfológicas no eran suficientes para asegurar este supuesto. En ambos casos, además de en otros realizados en otros grupos, los análisis de secuenciación han sido cruciales para comprender la evolución o las diferenciaciones surgidas a partir de un antepasado común.

Aunque son diversos los objetos de estudio, el ADN mitocondrial se emplea frecuentemente en las investigaciones, aunque no siempre con resultados concluyentes. Tal fue el caso del estudio de ranas dardo de flecha *Dendrobates auratus*. La premisa inicial era corroborar una relación entre cambios genotípicos del ADN mitocondrial y los fenotípicos que dan como resultado diferencias en los patrones mostrados entre los individuos. No obstante, los resultados obtenidos

Dendrobates auratus [Dirk Ercken / Shutterstock].

indicaban que no hay una correspondencia entre la variación molecular y los polimorfismos encontrados. Lo mismo ha sucedido con otras pequeñas ranas relacionadas. Si bien es conocido el movimiento de individuos entre localidades (por causas humanas o naturales) y por tanto el aumento de diversidad genética, el siguiente paso posiblemente puede ser determinar los genes implicados directa o indirectamente en las características que hacen que una especie, incluso concretamente determinados individuos, sean maestros del disfraz y del engaño, o del aposematismo en el caso concreto de los anuros citados, y relacionar los resultados obtenidos con las diferentes secuencias objeto de análisis, siendo esto último fundamental.

Otro posible ejemplo de este tipo de mimetismo en el género *Mantella*, género de pequeñas ranas malgaches estudiadas tanto en sus aspectos macroscópicos y descriptivos, como en su genética. Este género no está relacionado con las dendrobates, y sin embargo ambas presentan evolución convergente al resultar tóxicas para los depredadores, y mostrar frecuentemente colores llamativos como aviso. Tradicionalmente, al igual que ha sucedido con otras muchas especies y grupos animales, la taxonomía se ha basado en gran medida en los patrones de coloración.

Gracias a este estudio genético, se descubrió que patrones similares se corresponden con especies diferentes al examinar el patrón de evolución de la coloración y realizar la filogenia del género empleando la secuencia del gen de ARNr mitocondrial 16S. Más aún, en relación con este hecho parecen existir evidencias de un mimetismo entre algunas de las especies. Podría ser el caso de *M. madagascariensis* y *M. baroni*, cuya coloración es muy similar, pero los datos genéticos, osteológicos y de aloenzimas determinan que se trata de dos especies diferenciadas, relacionadas por un posible mimetismo mülleriano. Ambas muestran diferente morfología y en ocasiones coloración ventral, mientras que los patrones dorsales resultan muy similares. Los análisis citados descartan que ambas especies sean hermanas, y que las similitudes sean debidas a un patrón plesiomórfico, sino más bien que las grandes semejanzas del patrón dorsal son derivadas de una evolución homoplástica.

Queda patente que los estudios moleculares resultan de interés para los taxónomos, resultando un buen complemento a los más tradicionales, como los morfológicos o fisiológicos. Sin embargo, un ser vivo es mucho más que sus genes, como se verá a continuación.

Camponotus nearcticus, la carpintera discreta de los bosques norteamericanos. Esculpe galerías en madera muerta sin dañar árboles vivos. Las obreras recorren su hábitat recolectando melaza de áfidos y defendiendo su colonia con ácido fórmico [Paul Reeves / Shutterstock].

ECOLOGÍA DEL MIMETISMO

IMPORTANCIA DEL HÁBITAT

La naturaleza es compleja y no puede limitarse a genes. Fácilmente pueden pensarse ejemplos de supervivencia mediante características aparentemente contrarias, siendo una de las razones que, aún viviendo en un mismo ecosistema o hábitat concreto, las diferentes especies e incluso poblaciones, pueden verse sometidas a diferencias ambientales tanto bióticas como abióticas, de manera que la presión de selección o simplemente las circunstancias en las que se ven involucradas, pueden diferir notablemente aunque no lo parezca. Esto sucede con frecuencia por variaciones a nivel muy localizado o muy pequeñas (a menudo no consideradas en las investigaciones), pero incluso frente a las mismas condiciones, la mayor parte de seres vivos pueden servir de alimento a más de una especie, a veces incluso biológicamente bastante diferentes unos de otros.

La posibilidad de imitar a otros individuos en términos morfológicos, químicos o etológicos, puede suponer una adaptación muy importante para aumentar la posibilidad de supervivencia, dado que pueden engañar a depredadores con distinta capacidad de detección de presas. Los depredadores pueden emplear diferentes criterios para identificar una presa; pero claro está que en la lucha por la vida, las presas también desarrollan estrategias. Tal es el caso de araña mirmecomorfa *Peckhamia picata* que es capaz de imitar a la hormiga *Camponotus nearcticus* por lo que es raramente depredada por arañas saltarinas que emplean la visión de manera preferente.

Además, *P. picata* es capaz de engañar a avispas cazadoras de arañas por las señales químicas de su cutícula, y para no ser atacadas por las propias *Camponotus*, presentan una baja proporción de glúci-

Ejemplar hembra de *Peckhamia sp* [David Hill / Wikimedia Commons].

dos cuticulares (posiblemente como ocurre con las avispas) y aprovechan su mayor agilidad para escapar cuando es necesario. Por tanto, la capacidad múltiple que presentan ciertas especies puede resultar fundamental para subsistir en un entorno hostil. Por si esto fuera poco excepcional, algunas especies del género *Mastophora*, como *Mastophora cornigera*, se asemejan a pequeños excrementos de aves, por lo que pueden encontrarse en el haz de las hojas a la espera de una captura sin demasiado peligro de ser ellas mismas depredadas.

Si bien son abundantes, y fascinantes, estos engaños, algunas arañas pueden ir más allá y emplear el engaño químico para aumentar sus posibilidades de éxito en la caza. Así, el género *Mastophora* (América) está caracterizado por el empleo de una «herramienta» para la caza en lugar de la disposición de la más que conocida la tela de araña. Lo mismo podemos encontrar en los géneros *Cladomelea* (África), *Exechocentrus* (Madagascar) y *Ordgarius* (Asia y Oceanía), cuyo comportamiento es equiparable, empleando todas ellas una forma de captura basada en una bola en el extremo de un hilo, «perfumada» por feromonas atrayentes para machos de polilla.

Así, disponen una bola pegajosa en el extremo de un hilo de seda y lo ondean de forma similar a como lo hacen los gauchos con sus boleadoras. Evidentemente, si la araña esperara a que apareciera una posible presa, el éxito sería escaso; y es en este punto donde entra el mimetismo, en este caso químico. Para atraer hacia sí las presas, estos arácnidos emiten unas sustancias químicas similares a las feromonas producidas por las hembras de ciertas especies de polillas. Cuando se aproxima un macho, ondean el hilo pegajoso para que se adhiera al cuerpo de su presa y así poder alimentarse. La perfección llega al punto de que cada un cierto tiempo, variable según las condiciones ambientales pero en torno a unos 30 minutos, renuevan la bolita pegajosa del extremo que ha perdido un porcentaje de líquido, por lo que se pierde adherencia.

Estos ejemplos sirven para introducir la llamada «ecología evolutiva». Surgida a partir de 1950, esta disciplina está encaminada a relacionar los estudios llevados a cabo por los ecólogos respecto de la evolución.

Los inicios de la ecología pueden determinarse en diferentes momentos según a qué se atienda para describir esta ciencia. De hecho, aunque el término «ecología» (del griego *oikos* —casa— y *logos* —estudio o tratado) fue acuñado por el naturalista alemán Ernst Haeckel (1834-1919) en 1869, la esencia del término puede intuirse en filósofos griegos dedicados al estudio de la historia natural como Aristóteles. Sin embargo, y sin pretender olvidar a innumerables naturalistas de siglos intermedios, se considera al también germano Alexander von Humboldt (1769-1859) como el primer científico con un verdadero pensamiento ecológico. Sus viajes, su capacidad de relación, sus observaciones, su peculiar personalidad... todo ello contribuyó a que desarrollara en sus libros unas ideas acerca de biogeografía, documentó la fauna, la flora, la geografía e incluso la etnografía de los lugares por donde pasó, y trató sobre la necesidad de la protección del medio ambiente llegando, incluso, a hablar del cambio climático.

A pesar de no tratar el fenómeno mimético, se hace necesario pararnos a reflexionar sobre un intelectual tan notable. Frecuentemente es considerado el último científico universal, a partir del cual, en mayor o menor medida, la especialización fue tomando protagonismo en los estudios e investigaciones. Humboldt fue un apasionado de las expediciones desde temprana edad, llevando a cabo no solo observaciones, sino que quiso llegar hasta donde otros no habían llegado: experimentó consigo mismo (por ejemplo probó el potente curare para conocer su sabor), se implicó en causas sociales y transmitió su preocupación porque en América se produjera el daño ambiental ya observable por aquel entonces en el viejo continente, entre otros campos.

A pesar de que muchos de los que le siguieron también abarcaron diversos asuntos, como así hizo el propio Haeckel, paulatinamente ese interés plural se ha ido perdiendo en favor de un conocimiento más concreto, más restringido, si bien a menudo más completo. Esta situación es la que nos afecta en la cuestión del mimetismo, precisamente porque los seres vivos no son un conjunto de genes, el resultado directo de los mismos o seres individuales e independizados del medio en el que viven y de las especies que le rodean. Lo que puede «marcar» un gen puede verse alterado por lo que sucede en el medio, dando como resultado algo inesperado al menos en primera instancia. Y es aquí cuando la ecología puede asumir un papel «recopilador» en el sentido de que abarca muchos aspectos y debe poder relacionarlos para alcanzar un verdadero y profundo conocimiento. Esta idea se entiende mejor si se ve la variación temporal que ha sufrido esta ciencia.

Como hemos visto Haeckel creó el término, y lo hizo bajo la idea de nombrar el estudio de las relaciones de los seres vivos con su ambiente. A partir de ese momento, la ecología se ha ido ocupando de diferentes campos de acción desde una perspectiva más fisiológica, hasta llegar a abarcar desde microorganismos a sistemas a escala planetaria, flujos de energía y materia, nichos ecológicos, interacciones entre y dentro de poblaciones, cuestiones climáticas, etc. Sin embargo, no fue hasta 1954 cuando Lack aportó por primera vez de manera destacable una visión neodarwinista a la ecología (a pesar de que la llamada «nueva síntesis de la evolución» ya estaba consolidada unos años atrás), siendo 1962 el año en el que el ornitólogo y ecologista estadounidense G. H. Orians publicó por primera vez la expresión «ecología evolutiva» (*evolutionary ecology*) en relación a una visión darwinista de dicha disciplina.

En ocasiones nombrada como eco-evo o eco-evo-devo (de manera semejante a lo que ocurre con la biología evolutiva del desarrollo, evo-devo), la ecología evolutiva estudia las causas y las consecuencias de la diversidad de seres vivos que existen, de las diferencias y similitudes entre los organismos, y el por qué de dichas similitudes incluso en especies enormemente alejadas taxonómicamente, de las características adaptativas y no adaptativas... Así, esta nueva rama estudia los procesos evolutivos en poblaciones actuales, empleando para ello datos genéticos, matemáticos, o la modelización, entre otros, para relacionar la selección natural, la presión de selección, la eficacia biológica, la adaptación, y diversos conceptos asociados a la evolución, como forma de explicar las dinámicas de los ecosistemas.

Por ejemplo, la enorme variedad de peces cíclidos (se han descrito más de dos mil especies solo en África oriental) surgidos en África, Madagascar, Sri Lanka y diversas regiones de América, han sido estudiados desde esta disciplina para entender la enorme diversidad que han adquirido en un tiempo evolutivamente breve. Sirva como muestra el lago Malawi. Con unos 570 km de largo y 75 km en su punto más ancho, cuenta con cientos de especies de estos peces, surgidas en los últimos cinco millones de años. En relación con el mimetismo, los estudios bajo la perspectiva de la ecología evolutiva deben describir las especies implicadas desde diferentes planos, todos ellos plenamente vinculados: desde la especificación de las características morfológicas, fisiológicas o comportamentales, hasta la genética que ha dado lugar a dichas particularidades, pasando por el entorno en el cual se han desarrollado los individuos y donde se han producido todo tipo de relaciones con el medio y con otras muchas especies. En definitiva, esta disciplina busca un análisis global de los fenómenos biológicos, para lograr una correcta interpretación de los mismos.

No obstante, teniendo en cuenta una perspectiva histórica, pensemos en primer lugar en lo que ocurrió con la zoología o la botánica. Al comienzo de estas ciencias, eran descriptivas. Se dibujaban los ejemplares, se preparaban para exhibir en exposiciones, los naturalistas hacían descripciones físicas y en mayor o menor medida de sus modos de vida (a menudo según las descripciones dadas por lugareños), etc. Fue posteriormente cuando comenzaron estudios basados en cómo funcionaban desde un punto de vista fisiológico, las relaciones ínter e intraespecíficas...

Desde que en el siglo XIX se conociera el fenómeno del mimetismo, han ido descubriéndose situaciones a menudo impensables. Cada año se revelan nuevos fenómenos que deben ser descritos y explicados, y poco a poco aumenta el número de investigaciones que han dado un paso más y analizan fenómenos desde una perspectiva más profunda, además de análisis moleculares que pueden ayudar a desentrañar las causas últimas.

Parece lógico pensar que los estudios genéticos y bioquímicos deberían complementarse con las investigaciones ambientales, teniendo en cuenta las relaciones inter e intraespecíficas, así como las variables del medio. Evidentemente no es asunto sencillo. Así, cuando un fenómeno es verdaderamente complejo, como es el caso de la imitación, hay que asumir que con una alta probabilidad no habrá una sola causa que valga para esclarecer cómo ha evolucionado el mimetismo en la naturaleza. Al igual que cuando Darwin o Mendel desarrollaron sus ideas no existían conceptos como alelo o mutación, y sus estudios se vieron complementados y apoyados por los nuevos descubrimientos realizados una vez fallecidos, tal nos vemos inmersos en una situación similar.

Los innumerables ejemplos que podemos encontrar relacionados con imitaciones, camuflaje o aposematismo, es posible que puedan comprenderse más profundamente gracias a otro tipo de estudios que incluso tal vez hoy ya se estén llevando a cabo. Ya el ecólogo español Ramón Margalef consideró que la evolución de una especie es un proceso con diversas implicaciones, de manera que una coloración en principio claramente implicada en la defensa de un organismo, puede fácilmente guardar relación con la elección sexual de la pareja o la regulación térmica, entre otras posibilidades. Así pues, los patrones de coloración y las morfologías, no van a verse sometidas a una presión de selección desde un solo flanco. El equilibrio será quien determine el individuo que sale mejor parado (además de aquellos factores que tal vez aún no conocemos pero que podrían darnos la clave de aspectos que hoy por hoy resultan especialmente intrigantes).

A este respecto, el propio Margalef publicó en 1975 un artículo en el que valora la frecuencia de los fenómenos de mimetismo, cripsis y aposematismo en ecosistemas estables con riqueza de especies, lo cual podemos relacionarlo con la necesidad de una evolución entre los integrantes de un mismo bioma o de cualquier otro medio natural a escala más reducida. Más aún, el hecho de que los individuos tengan un aspecto que simule ser otro, les ayude a pasar desapercibidos o por el contrario, que destaquen plenamente en el medio para advertir sobre una posible peligrosidad, hace que sigan una estrategia K (en palabras del ecólogo «...la estrategia de la K consiste en aumentar la capacidad de resistir o de regular el ambiente y, en definitiva, de persistir con una biomasa que se renueva con más lentitud»).

Cuando se habla de este tipo de estrategia, se suele pensar en ejemplos de especies en general de un cierto tamaño y longevos. Claro está, esto no parece concordar con los innumerables ejemplos que hay, por ejemplo, de insectos. Sin embargo Margalef lo explica considerando esa regulación del ambiente, en concreto, modificando el comportamiento de los depredadores hacia las presas (no desde un panorama más simplista referido al número de descendientes o a la longevidad de los individuos). En todo caso, las referencias más habituales se refieren a aspectos visuales, pero con toda seguridad el mimetismo químico, auditivo o cualquier otro tipo, deben ser contemplados también bajo esta perspectiva.

Respecto a la depredación, un planteamiento refiere que los parecidos miméticos en una especie debieron surgir a partir de una sola mutación, manifestándose de forma más o menos similar al organismo modelo, pero sin gran precisión, de manera que en los comienzos muy posiblemente los individuos mutantes llamarían demasiado la atención, atrayendo a los depredadores. Al acumularse más mutaciones que perfeccionaran las similitudes entre el mimeta y el modelo, la selección favorecería a estos individuos.

Una vez en esta situación, en la que ya podría hablarse de individuos o especies miméticas «bien hechas», parece interesante considerar dos estrategias generales. Por un lado, existen especies que pretenden pasar inadvertidas haciéndose pasar por ramas, hojas, corales, etc., como puede ser el caso de especies tan diversas como el lepidóptero *Uropyia meticulodina*, el geckónido *Uroplatus phantasticus* (lámina XVIII y XIX) o la familia de peces *Antennariidae*. Por otro, nos encontramos especies de colores muy llamativos que buscan precisamente que se les vea, como ocurre con el pez *Plagiotremus rhinorhynchos* (láminas XXX y XXXI), la familia de dípteros Syrphidae, o *Prosoplecta semperi*, del orden Blattodea, pero con aspecto similar al coleóptero conocido como mariquita, de coloración naranja y puntos negros. Este último caso es especialmente interesante, ya que el fenómeno del mimetismo es extremadamente raro entre las cucarachas. En cualquier caso, y saliendo de los ejemplos particulares, en ambos situacio-

Este sírfido copia el traje de avispa para ahuyentar depredadores, pero su único interés real son las flores que poliniza. La evolución recompensa a los mejores actores [Richard J Hodgson / Shutterstock].

nes hay especies depredadoras o presas, por lo que una u otra estrategia no depende del nivel de la cadena trófica en la que se encuentren. En el primer caso, se evita el gasto de energía necesario para huir o para perseguir; en el segundo, la visibilidad hace ver a los depredadores que la ingesta puede implicar un riesgo o mal sabor, o en el caso de *P. rhinorhynchos* imita a especies de peces limpiadores, y cuando se aproximan peces para ser desparasitados, aprovecha para dar pequeños mordiscos, por poner un ejemplo menos habitual. La estrategia de aumentar la visibilidad presenta la ventaja de poder actuar sin importar la hora del día, tener que estar pendiente de los depredadores... Contemplando la gran cantidad de especies miméticas que existen, se puede apreciar que las estrategias son extremadamente variadas y adecuadas en función de cada uno de los casos en estudio.

MIMETISMO IMPERFECTO

Es fácil comprender que la selección natural favorezca la supervivencia de los buenos imitadores, y sin embargo hay muchas especies que se distancian en mayor o menor medida del organismo modelo. El hecho de que la percepción es muy variable de unos grupos taxonómicos a otros, incluso examinando categorías próximas, puede explicar este fenómeno. De esta manera, lo que para los sentidos humanos puede aparecer como grandes diferencias, podría no ser así para la especie frente a la que se pretende dirigir el mimetismo.

Junto con la percepción, otros autores consideran importante tener en cuenta la posibilidad de la peligrosidad de la especie imitada, ya que los potenciales depredadores posiblemente puedan recurrir a otras presas sin tener que correr un riesgo elevado. Además, la confusión podría llevar a un posible depredador a dudar lo suficiente como para que el individuo imitador pueda escapar y así salvarse (es el denominado «mimetismo satírico»). Algunos autores consideran que podría tratarse de un proceso evolutivo aún inacabado.

El aprendizaje que hacen los depredadores para evitar presas tóxicas o de gusto desagradable es variable según qué animal sea, de manera que se produce un adiestramiento de diferentes rasgos. De esta forma, por ejemplo, el aprendizaje de patrones de coloración es especialmente bueno en las aves depredadoras, al tener bien desarrollada la visión del color, por lo que incluso los imitadores imperfectos pueden no ser comidos si presentan coloraciones semejantes aunque las formas o tamaños difieran del modelo.

Un experimento con el ave paseriforme *Cyanistes caeruleus* como depredador, comprobó este aspecto. El estudio se basaba en el aprendizaje frente a presas con diferente color, patrón o forma. Comprobaron que la primera característica, la coloración, era el rasgo más importante y el que aprendían a mayor velocidad. De esta manera, no era imprescindible una imitación absoluta al prevalecer un rasgo sobre los demás.

Algo similar se concluyó al comprobar la interacción entre el himenóptero *Colletes cunicularius*, y la orquídea *Ophrys exaltata*. Los autores proponen que la elección de «nuevas» señales, es decir, las imperfectas, podría suponer una ventaja al favorecer la exogamia. Habitualmente esta abeja forma agrupaciones de individuos, dentro de las cuales se realiza la reproducción y por tanto se da un cierto grado de endogamia. La presencia de señales químicas algo diferentes, parece que puede relacionarse con un proceso de tipo adaptativo que favorecería que los machos elijan hembras (en este caso hembras falsas) que no pertenecen a su población habitual.

Por su parte, Margalef presenta una teoría acerca de la ventaja que observa respecto de por qué es beneficioso que los individuos no sean exactos entre ellos. En realidad él se refiere a la cripsis, pero el argumento puede resultar válido en su totalidad o de forma parcial, para los fenómenos miméticos. Como anteriormente se ha tratado de la posible diferencia entre el ocultamiento y la imitación, haré una aproximación de la explicación del ecólogo a este último fenómeno.

De forma muy congruente advierte que si los individuos tuvieran un aspecto idéntico entre sí, podría llevar al aprendizaje por parte de los depredadores, de manera que identificaran con el paso del tiempo, aquellos animales que simulan ser hojas —por exponer un caso—. Lo mismo podría suceder en el caso de que fueran muchos los individuos que pudieran localizarse en las proximidades, si bien esto último no tendría validez, por ejemplo, en hemípteros imitadores de espinas de plantas, cuyo engaño se logra precisamente por el número y disposición. Desde un panorama medioambiental, la presencia de diferentes especies con aspectos similares pero no iguales, podrían representar una ayuda grupal para «despistar» a los posibles enemigos.

Cuando se estudió el papel que tienen los depredadores de mariposas *Heliconius* en la selección de individuos miméticamente válidos, se escogieron los pájaros neotropicales jacamares o yacamarás (familia Galbulidae). En regiones con individuos miméticos solo depredaban aquellos con patrones de coloración «mal hechos», y también lo hacía en regiones donde no se daba el mimetismo. No obstante, hay que considerar que los estudios se realizaron a través de las marcas de los picos de estas aves en las alas de mariposas encontradas; aunque al parecer dichas marcas son bastante características, sería deseable disponer de una observación más directa del hecho, si bien es obvia la dificultad de la misma por lo que se emplean además los datos de experimentos realizados.

Por otro lado, de manera general este tipo de aves es un buen seleccionador del mimetismo batesiano, pero no mülleriano, aunque se ha descrito el comportamiento del jacamar *Galbula ruficauda* que, al parecer, es un ave capaz de no ingerir individuos no palatables cuando los depreda, de manera que muy frecuentemente las mariposas atacadas llegan a sobrevivir en buenas condiciones. Esto se ha comprobado con diferentes especies con mimetismo mülleriano, tales como *Heliconius erato*, *Mechanitis polymnia* o *Dircenna dero*, entre otras. En realidad no se trata de un único caso, ya que algunas tienen una capacidad para «probar» las mariposas, de tal modo que tras la captura deciden si las ingieren o no en función de la palatabilidad que tengan. Esta habilidad les permitiría seleccionar individuos miméticos adecuados para la alimentación.

La mariposa *Heliconius erato* el eslabón de un fascinante engaño evolutivo: comparte su patrón de colores con otras *Heliconius* tóxicas (como *H. melpomene*), en un brillante caso de mimetismo mülleriano donde varias especies peligrosas «acuerdan» usar el mismo código visual [Alslutsky / Shutterstock].

AUSENCIA DE MODELO

Dentro de las relaciones ecológicas existe también un asunto curioso, y es el planteamiento de qué ocurre cuando la especie modelo deja de existir en un territorio. Frente a la pérdida de la especie modelo surgen cuatro posibles estrategias evolutivas en función de las diferentes circunstancias. Así, cuando la depredación no es elevada, los individuos miméticos se mantienen como tal, mientras que si la depredación es intensa, existen tres posibilidades: pérdida del mimetismo, vuelta al genotipo primitivo o modificación hacia un nuevo modelo mimético.

Es la situación que presentan ciertas subespecies de falsas corales de norteamérica, que habitan en regiones donde no existe la especie mimetizada. Por ejemplo *Lampropeltis triangulum elapsoides* y *Micrurus fulvius*. Se comprobó que los patrones miméticos se van perdiendo en los individuos en función de la distancia a las zonas de hábitat común, de forma que cuanta mayor es la lejanía a los lugares de coexistencia de ambas especies, menor es el parecido.

No obstante esta circunstancia, se ha encontrado la mayor perfección de mimetismo en los bordes de las áreas de distribución común, donde curiosamente hay menor número de individuos de la especie venenosa. Esta «pérdida» de mimetismo es aparentemente similar a lo que ocurre con determinadas mariposas ya comentadas, cuando no existe el modelo peligroso para los depredadores, lo que hace que resulte contraproducente una coloración tan llamativa al resultar más visibles. En las regiones donde no existe la verdadera, y venenosa, serpiente coral, las especies de falsos coralillos presentan coloraciones más sutiles que les permiten pasar más inadvertidos. Estos ejemplares no «vuelven» a una coloración similar a la del antepasado evolutivo, sino que tienden a adquirir coloraciones rojizas.

No ocurre así en otras especies u otros grupos. Desde Bates, numerosos estudios se han realizado con el objetivo de intentar explicar el por qué en ocasiones la imitación es pobre o incluso se desconoce la especie modelo (lo cual no implica que no exista, sino que puede ser de frecuencia reducida) y sin embargo el comportamiento de los depredadores no se ve afectado, mientras que en otros casos ocurre lo contrario.

Bajo esta premisa, el análisis de filogenias supone un interesante punto de partida, si bien no único, para comprender algunas de estas desconcertantes circunstancias. Es el caso de las realizadas en el género de mariposas *Limenitis*, que al parecer han sufrido tres procesos evolutivos independientes desde sus antepasados, relacionado con la involución a un patrón similar al primitivo al estar ausente la especie imitada.

Se presume que el regreso a las coloraciones iniciales hace que la especie pueda persistir al presentar un aspecto menos llamativo, como ocurre con aquellas especies que no muestran un mimetismo batesiano. La especie imitadora *Limenitis arthemis* ha evolucionado a formas ancestrales más crípticas pero no miméticas, en regiones donde ha desaparecido la especie modelo, así como las plantas hospedantes. Este hecho resulta interesante desde el momento en que demuestran que la ausencia de organismo modelo no conlleva la desaparición real o por migración de la especie mimeta, sino una nueva adaptación que conlleva un estado regresivo a aspectos más sutiles y que pasan más desapercibidos a los depredadores.

Debido a que las mariposas del género *Limenitis* se localizan tanto en Eurasia como en América del Norte, se ha podido comprobar que los cambios de coloración desde un patrón mimético a otro críptico, desembocan en aspectos similares a los ancestrales al haberse perpetuado estos en las especies del viejo mundo. Así pues, se comprueba que el mimetismo batesiano pierde el sentido en ausencia de la especie tóxica o desagradable, al menos en determinadas circunstancias.

ALGUNOS CASOS DE MIMETAS EN RELACIÓN CON EL AMBIENTE

No podemos olvidar a los fásmidos, insectos especialistas en pasar inadvertidos frente a potenciales enemigos. La evolución, el desarrollo, de las diferentes morfologías y estrategias del grupo podrían vincularse en mayor o menor medida tanto con el de los depredadores visuales como con la radiación de las angiospermas. De esta manera, la semejanza con ramas, hojas secas o vivas, musgos, cortezas, etc., así como las estrategias diversas que presentan en cuanto al movimiento semejante al producido por la brisa en las plantas, la presencia de espinas o el uso de secreciones, implican una relación con el entorno de manera acusada.

Insecto hoja (familia Phylliidae) [Pepew Fegley / Shutterstock].

Este grupo de insectos puede ser empleado como organismo modelo en relación con la macroevolución de los tetrápodos insectívoros, incluidos los mamíferos y las aves. Dado que con los datos del registro fósil con los que contamos en la actualidad sabemos que los insectos palo (lámina IV) se diversificaron durante el paleógeno, su radiación podría haber sido estimulada por la de ciertas aves durante este período. Sin embargo, hay que tener en cuenta que los vertebrados insectívoros como grupo, y los insectos imitadores de plantas, ya existían en el Pérmico.

Teniendo este hecho en cuenta, es interesante comprobar cómo un orden de insectos relativamente reciente adquiere una morfología y etología capaces de confundirse con su hábitat para eludir depredadores ya existentes o en proceso evolutivo. El grado de coevolución que pueda haberse producido es difícil de determinar, ya que los ejemplares fósiles de fásmidos a menudo resultan difíciles de identificar al no ser muy completos y poder confundirse fácilmente con especies de otros grupos como los ortópteros.

No obstante, la teoría ecológica infiere que el origen y mantenimiento del mimetismo se ve fomentado especialmente, que no únicamente, por la depredación y la forma de los modelos que se imitan. Como ya se ha expuesto, los depredadores que en este caso deberían ser tenidos en cuenta son los que emplean la visión como método principal de caza, ya que la morfología, coloración y movimientos de los insectos palo y hoja fortalecen esta idea. Los estudios realizados relacionan momentos de radiación de determinados grupos de insectívoros con la propia radiación de los fásmidos. Las interacciones establecidas en los diferentes hábitats entre depredador-presa tuvieron un papel importante en su objetivo final de pasar inadvertidos.

En función del tipo de plantas y por tanto las formas de sus órganos, así resulta más «creíble» un disfraz de palo, de rama de mayor grosor y protuberancias o de hoja. Algo similar a lo que ocurre al personaje que interpreta Woody Allen en la película *Zelig*, quien es capaz de cambiar totalmente su aspecto en función de quién le rodea. Así, le crece la barba y tirabuzones en presencia de rabinos o cambia el color de su piel ante personas negras. Todo para pasar inadvertido, por las inseguridades del protagonista.

Dentro del orden de los coleópteros, podemos encontrar al conocido como escarabajo avispa, *Clytus arietis*. La realidad es que su aspecto claramente es el de un escarabajo, pero su coloración (negra y amarilla), junto con sus movimientos cuando está sobre troncos o en otras partes vegetales, hace que sea confundido con las avispas. Al igual que estas, golpea con sus antenas de forma característica la superficie sobre la que se encuentra, contribuyendo al engaño.

Sin embargo, la importancia de esta especie va más allá de ser mimética. Su papel en el ecosistema es fundamental desde el estadío de larva a la fase de imago. Las larvas se alimentan de troncos muertos o en descomposición ya que son xilófagas polífagas, participando del imprescindible reciclado de nutrientes de los bosques. Por su parte, los adultos representan una importante función como polinizadores y como dispersores de microorganismos imprescindibles para el ecosistema, tales como ácaros, bacterias u hongos. Esta especie puede ser confundida con otro longicorne, *Rutpela maculata*, también imitador de las avispas y cuya relación con el medio es pareja.

Pero hay que conocer más ejemplos para entender que el mimetismo comprende muchos aspectos variados que aún hay que investigar. Es conocido el caso de mimetismo mülleriano que presentan diferentes especies de diplópodos respecto del género *Apheloria*, presente en Norteamérica y cuyas especies presentan una coloración claramente aposemática (anillos negros con los bordes de un destacado color amarillo) que advierte de la presencia de cianuro en su cutícula.

Este patrón se observa muy a menudo en otros artrópodos, como ocurre en muchas especies de mariposas tropicales de las que observó el propio Müller en sus viajes a diferentes selvas sudamericanas. Sin embargo entre estos dos grupos cabe una diferencia que merece atención. En el caso de los llamados «milpiés», se encuentran especies ciegas por lo que la coloración no afecta a la reproducción; sin embargo, en el caso de las mariposas del género *Heliconius*, la elección de pareja sí guarda relación con la coloración que presentan, por lo que existe presión de selección derivada del equilibrio entre la selección natural y la selección sexual.

A este respecto se comprobó en un estudio cómo el cambio de patrón de coloración que presentaron mariposas heliocónidas al imitar a especies modelo diferentes, tuvo como consecuencia la divergencia en las actuales *Heliconius melpomene* y *Heliconius cydno*. La especiación, determinada por secuenciación de ADN mitocondrial, proviene de dos hechos derivados de la coloración híbrida; así, las coloraciones intermedias no resultan adecuadas como mimetas por lo que el efecto buscado se pierde y aumenta la depredación en estos individuos.

Cuando un depredador se encuentra frente a un buen imitador, lo habitual es que trate de evitarlo, mientras que si no reconoce un patrón de coloración como posible peligro o sabor desagradable lo eliminará evitando que pueda reproducirse y dejar descendientes similares a él. Por otro lado, la mala adaptación también afecta a la elección de pareja, disminuyendo las posibilidades de encontrarla.

Frente a esto último hay que considerar que si bien la coloración es muy importante en dicha cuestión, igual que en otros muchos grupos animales, no deben olvidarse otros factores como pueden ser comportamentales y, posiblemente más importantes, fisiológicos, tales como la presencia de feromonas. Podría así explicarse que, aunque raramente, de manera ocasional se producen apareamientos interespecíficos, que dan lugar a los individuos de coloración intermedia aludidos.

En estos casos, como se ha comprobado en el caso de hembras resultantes de cruces naturales entre las especies que nos ocupan en este momento, pueden darse apareamientos sin descendencia por la infertilidad de los individuos híbridos. Así pues, sea por depredación excesiva o por problemas en el apareamiento y reproducción, la tendencia observada es a mantener especies claramente identificables según el modelo imitado, lo que genéticamente producirá un aislamiento que conlleve la separación de facto de individuos en especies diferenciadas.

A medio camino entre la cripsis y la imitación nos podemos encontrar al género *Uroplatus*. Estos geckos «cola de hoja», oriundos de Madagascar, han llamado la atención desde hace siglos y sus especies pueden relacionarse claramente con una morfología foliar, por lo que se identifican con una parte de un ser vivo (una hoja).

Hasta prácticamente los años 90 del siglo XX, las investigaciones se centraron en descripciones morfológicas, siendo a partir de esa década cuando comenzó a estudiarse la filogenia del género, llegando a determinar seis especies. Desde entonces se han llevado a cabo estudios sobre el genoma de este curioso género, concluyendo la existencia de más especies de las que se creía.

Cierto es que varias de ellas, como es el caso de *Uroplatus fimbriatus*, son más crípticas que mimetas, sin embargo el papel de los genes estudiados puede aportar una información válida para otras especies del género, y sobre todo, parece primordial identificar las especies si se pretende averiguar cuáles son los genes determinantes de las morfologías que colaboran con el mimetismo de algunas especies (o con las características que hacen crípticas a otras) (lámina XVII).

A este respecto, se ha identificado una nueva especie, *U. giganteus*, cuyos individuos siempre habían sido identificados como *U. fimbriatus* al ser muy semejantes ambas, salvo porque la primera es de mayor tamaño, y muestra una coloración clara del iris, entre otros aspectos morfológicos menos evidentes. Así, los análisis de secuencias de ADN han encontrado la presencia de transversiones y transiciones, que dieron lugar a esta especie diferenciada del resto del género *Uroplatus*.

El aislamiento de localización biogeográfica donde se ha encontrado la nueva especie (endémico de la región boscosa de Montaña de Ámbar), así como los hábitos que presenta, han colaborado en las diferenciaciones genéticas que se han estudiado. Se han podido identificar dos especies gracias a los análisis de secuencias de ADN mitocondrial y del gen nuclear C-mos. Ejemplares identificados como *Uroplatus ebenui* fueron descritos como otras dos especies diferentes, *U. finiavana* (en 2011) y *U. fiera* (en 2015). El siguiente paso podría ser analizar las diferencias ambientales o ecológicas que prevalecen en sus hábitats, con el fin de averiguar si hay una influencia no solo desde un punto de vista genético (podría haber algún fenómeno de epigenética), y fisiológico.

Durante el desarrollo, la migración celular y la morfogénesis consecuente se relacionan con la capacidad que tienen las células para percibir gradientes químicos de diferentes moléculas. Algunos geckos, ciertos fásmidos y mántidos que se asemejan a partes de plantas, así como otros grupos animales con similares características, tal vez pudieran tener su característico desarrollo de las superficies corporales debido a una modificación en la respuesta a gradientes.

Es más, si se piensa en aquellas especies de plantas que alteran su aspecto en función de la vegetación que tienen más próxima, tal vez este aspecto debe ser tenido en cuenta. Esto último puede ser relevante si recordamos que en la naturaleza se conocen muchos casos (y cada vez más) de plantas que se comunican químicamente con otras de la misma o distinta especie, con el fin de transmitir información relevante para su supervivencia, especialmente en el caso del estrés biológico.

En esta situación, la presencia de herbívoros, otras plantas del entorno o patógenos, conlleva la percepción del estímulo desencadenante del estrés, el procesamiento de la información y la regulación de la expresión génica, gracias a la transmisión de la señal estresante hasta el núcleo. La respuesta en los individuos informados puede ser la producción de sustancias desagradables, como sucede en las acacias africanas. Tal vez, un mecanismo equivalente podría provocar la semejanza morfológica de unas plantas respecto a otras próximas.

Uroplatus fimbriatus sobre un tronco. ¡Para localizarle, hay
que buscar el ojo! [Anna Veselova / Shutterstock].

Uroplatus phantasticus [Ryan M. Bolton / Shutterstock].

Uroplatus phantasticus [Ondrej Prosicky / Shutterstock].

Hymenopus coronatus, conocida como mantis orquídea [Kurit Afshen / Shutterstock].

El *Phyllium* es el género de insectos hoja más grande y extendido de la
familia Phylliidae (Phasmatodea) [Pepew Fegley / Shutterstock].

Dendrobates auratus [Dirk Ercken / Shutterstock].

Heliconius erato [G. Ozenne / Shutterstock].

Heliconius melpomene [Jiri Vlach / Shutterstock].

Ejemplar del sírfido *Eristalis horticola* [Gerrit Lammers / Shutterstock].

Imago de la mariposa imitadora de avispones, *Sesia apiformis* [Pedro Luna / Shutterstock].

Octopus vulgaris camuflado entre los arrecifes de coral [Ainhoa Vlc / Shutterstock].

Octopus vulgaris camuflado en el mar Jónico [Stefano Bolognini / Shutterstock].

Un pequeño *Plagiotremus rhinorhynchos* observando desde su escondite |CBPIX / Shutterstock|.

Himenóptero en ámbar báltico [Bjoern Wylezich / Shutterstock].

EL REGISTRO FÓSIL

Desde hace años, el registro fósil se está completando gracias a especies miméticas, siendo en algunos casos sorprendentemente similares a las actuales, lo cual demuestra la conveniencia de la imitación. A pesar de que aún resultan insuficientes, haciendo uso del actualismo y considerando que en el presente son abundantes las especies que presentan mimetismo, parece lógico considerar que en el pasado también fuera así aunque aún falten muchos modelos por descubrir y estudiar.

Sin embargo, al tratarse de un fenómeno complejo, en el que a menudo están implicados varios genes, es razonable suponer que la proporción habrá ido en aumento. Por tanto, no se trata exclusivamente de la dificultad de encontrar fósiles, sino de considerar el largo y complejo proceso al que se someten los genes para lograr imitaciones tan asombrosas. Los grupos en los que existen individuos mimeta han ido evolucionando a partir de antepasados con fenotipos no engañosos, y diferentes causas han derivado en cambios a menudo espectaculares. La acumulación de cambios se da en el tiempo, por lo que los ejemplos más antiguos adquieren un valor superior si cabe, al hacer evidente que el mimetismo es un fenómeno exitoso en sus múltiples formas desde hace millones de años.

Posiblemente la observación más antigua de este fenómeno se deba a Samuel Hubbard Scudder (1837-1911), considerado padre de la paleontología de insectos. En su obra sobre cucarachas paleozoicas de finales del siglo XIX, menciona el enorme parecido de algunas de ellas con unos helechos. Sin embargo, a finales del siglo XX sus ideas fueron rechazadas y se planteó el hecho de que la posible mímesis del ortóptero *Triassophyllum leopardii* tal vez no fuera tal, sino un caso de exaltación al no conocerse la posible planta (hoja) imitada.

MATHIEU-DEROCHE.PHOT 39, BOUL? DES CAPUCINES.

Samuel Hubbard Scudder (1837-1911), padre de la paleoentomología, revolucionó el estudio de los insectos fósiles con meticulosas ilustraciones y descripciones de más de 13 000 especímenes. Este naturalista estadounidense desentrañó la historia evolutiva de saltamontes y mariposas en obras monumentales como Fossil Insects of North America, sentando las bases para entender cómo los insectos sobrevivieron a extinciones masivas [Smithsonian Institution Archives].

Es posible que los primeros casos de mimetismo planta-animal se dieran en insectos, ya que al menos datan de unos 270 millones de años, lo cual conocemos gracias a yacimientos del Pérmico Medio en Francia. Allí fue localizado el insecto fósil *Permotettigonia gallica* (Garrouste et al, 2016), pariente extinto de los grillos de arbusto actuales (Tettigoniidae). A pesar de que sólo se ha encontrado, y por tanto estudiado, una tegmina (primer par de alas de algunos órdenes de insectos), su aspecto foliar y con un patrón de venación similar a la estructura de la vena en las hojas de *Taeniopteris* (género de plantas de la clase Ginkgoopsida) suponen prueba suficiente del proceso imitativo que tuvo lugar.

Hace unos 165 millones de años en un entorno que debió presentar cierta riqueza en líquenes, en Daohugou 1 en la Mongolia interior (al noreste de China), vivieron neurópteros (familia Ithonidae) cuyo aspecto era muy similar al de algunos de esos simbiontes. Las nuevas especies fueron descubiertas y nombradas como *Lichenipolystoechotes ramimaculatus* y *L. angustimaculatus*, precisamente en alusión a la coloración presentada en sus alas, semejantes al entorno en el que se desarrollaban, siendo el organismo modelo *Daohugouthallus ciliiferus*.

Además de la importancia relacionada con la propia imitación, y de lo cual hay que tener ciertas consideraciones que se explicarán a continuación, este estudio es de interés no solo debido a que los fósiles de líquenes son verdaderamente escasos en el registro fósil, sino que los autores han demostrado que estos líquenes foliosos surgieron al menos unos cien millones de años antes de lo que se conocía hasta el momento.

La composición celular de los talos hace muy difícil su conservación, por lo que hallar un fósil de este tipo de organismos, y además especies imitadoras, suponen una situación que necesariamente debe ser tenida en cuenta, más aún cuando posiblemente representan la relación de este tipo más antigua registrada hasta el momento. Observando las alas de las especies descritas se puede apreciar que el patrón de coloración es verdaderamente similar al aspecto folioso de *D. ciliiferus*.

El por qué no tratan como casos de camuflaje los ejemplares descritos, si bien consideran que la coloración es disruptiva, deriva del hecho de que las alas fosilizadas muestran unos patrones que concuerdan, podría decirse que de forma prácticamente exacta, con la ramificación de la especie de liquen sobre la que presumiblemente vivían.

Reconstrucción del hábitat de la crisopa imitadora de líquenes *Lichenipolystoechotes ramima-culatus* sobre el liquen *Daohugouthallus ciliiferus Wang*, Krings et Taylor, 2010. El cuerpo de *L. ramimaculatus* se reconstruye basándose en especies ítonidas vivientes, y el ala se basa en el fósil del holotipo CNU-NEU-NN2019006P/C [Xiaoran Zuo / *Elife*].

Más aún, en *L. ramimaculatus* se aprecian además pequeñas manchas oscuras dispersas, similares a las encontradas en el simbionte, y que podrían ser estructuras reproductoras del mismo al resultar semejantes a picnidios de especies liquénicas foliosas actuales.

En la literatura científica se han descrito otros casos de insectos fósiles miméticos, si bien frecuentemente en estado de imago. En 2012 se describió la semejanza presentada por el mecóptero *Juracimbrophlebia ginkgofolia* (Mecoptera, Cimbrophlebiidae) respecto a, como su nombre específico sugiere, la especie *Yimaia capituliformis* (Ginkgopsida, Yimiaceae). Estos restos jurásicos también fueron hallados en el yacimiento de Daohugou, zona bien conocida por la gran riqueza en fósiles de muy diversos grupos tanto animales como vegetales.

En este caso particular, el parecido entre el aspecto del insecto (alas y abdomen) y las hojas multilobuladas de la planta es asombroso. Posiblemente la ventaja sería doble; de un lado, el poder apresar a las presas y de otro, el pasar desapercibido para los posibles atacantes. Pero, al igual que puede ocurrir en otros casos de mimetismo, la planta también podría verse beneficiada al verse liberada de pequeños herbívoros por ser depredados por *J. ginkgofolia*.

Esta relación se calcula que debió darse al menos a lo largo de un millón de años, durante la deposición de Jiulongshan, y es posible que puedan aparecer más casos, ya que los mecópteros eran mucho más abundantes en épocas pretéritas (existen casi cien géneros fósiles frente a los 32 actuales). Sería muy interesante conocer las posibles relaciones miméticas que pueden haber mantenido desde que aparecieron en el Pérmico, y comprobar si dichas asociaciones se dieron con familias de plantas diversas.

Respecto al ejemplar del estudio, hay dos posibilidades en cuanto al comportamiento en función de la posición de las alas en estado de reposo. En el caso de que mantuvieran las alas abiertas, la semejanza con las hojas del ginkgo es más que evidente. No obstante, cabe la posibilidad de que plegaran las alas de manera que se advirtieran «dos»; en tal caso, la presencia de patrones en las alas facilitaría además un camuflaje disruptivo al confundirse con hojas que presentan motas, distinta incidencia del sol... Así pues, tanto si la imitación era perfecta como si era imperfecta, debía resultar bastante favorable para la subsistencia.

Se han descrito otros casos similares antes al encontrar dos especies extintas del género *Bellinympha* (Neuroptera) que presentaban un mimetismo evidente respecto a las hojas de Cycadales y de Bennettitales, datadas en el Jurásico medio. Este ejemplo, junto con los anteriores, aparentemente describen una excepción en la naturaleza en épocas pasadas, concretamente en el Mesozoico. Así, aunque en la actualidad conocemos muchos ejemplos de especies animales imitadores de hojas, son escasos los que nos han llegado.

Desde luego siempre hay que mantener una idea sobre la mesa, y es que investigar supone aumentar las probabilidades de encontrar esa parte del pasado que aún nos falta. Si tenemos en cuenta los acontecimientos sucedidos desde el siglo xix en el ámbito de la paleontología, no parece descabellado suponer que en mayor o menor medida se encontrarán más fósiles que nos muestren que el mimetismo forma parte del presente, pero también del pasado de los seres vivos.

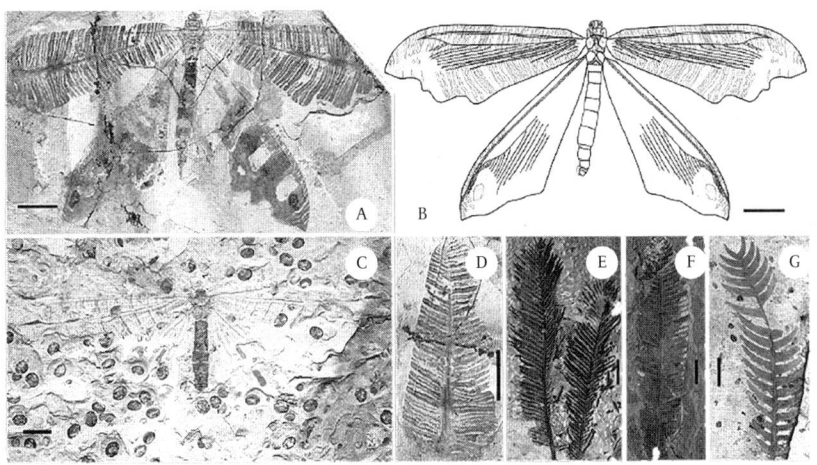

Especies de *Bellinympha* y sus posibles plantas modelo del Jurásico Medio de China. (A) Ejemplar cnu-neu-nn2010240-1 de *B. filicifolia sp. nov.*, con alas extendidas (ápices de alas anteriores no conservados). (B) Reconstrucción artística de *B. filicifolia*. (C) Ejemplar cnu-neu-nn2010241-1 de *B. dancei sp. nov.*, en posición similar a B. filicifolia pero con peor preservación. (D) Ala anterior del ejemplar cnu-neu-nn2010240-1, mostrando marcadas venaciones que imitan hojas pinnadas. (E-G) Plantas coetáneas que pudieron servir como modelo de camuflaje: (E) Holozamites (Cycadales) (F) Hoja no identificada de cicadófita. (G) Nilssonia (Cycadales). Barras de escala: 10 mm (A-D), 20 mm (E-G) [Yongjie Wanga, Zhiqi Liub, Xin Wangc, Chungkun Shiha, Yunyun Zhaoa, Michael S. Engeld y Dong Ren / *pnas*].

Del Cretácico medio data un posible caso de mirmecomorfismo de un género extinto de avispas localizado en Myanmar. De *Burmomyrma rossi* solo se conoce un ejemplar, mimeta de la también extinta familia Falsiformicidae. Se trata de una hembra bastante incompleta conservada (no muy bien) en ámbar, y aunque fue localizado en 1900, su estudio no se realizó hasta ocho décadas después, cuando fue considerado un formícido. Sin embargo, el estado de conservación ha sido objeto de controversia a la hora de su clasificación, hasta el punto de que, una revisión llevada a cabo unos años después, encontró que este género se trataba en realidad de una avispa de la familia, extinta, Falsiformicidae y de la cual se conocen otros dos géneros también preservados en ámbar. Actualmente aún no hay acuerdo sobre el grupo al que pertenece.

De la misma región de Myanmar se conoce el fósil de una crisopa (Chrysopoidea), concretamente una larva conservada en ámbar, *Phyllochrysa huangi*, del Cretácico superior (unos 100 millones de años). Su aspecto es similar al que presentan las hepáticas (clase Marchantiopsida), y desde luego dista mucho del esperado para una larva de insecto. Esta semejanza le debió permitir aproximarse a sus presas para alimentarse de ellas.

La particularidad de este hecho es que difiere de los casos de camuflaje de las especies actuales en que en estos, las larvas presentan dos tipos de hábitos: bien recogen de forma específica restos del entorno para pasar desapercibidos (llegando incluso a utilizar las cutículas o restos de las presas, fragmentos vegetales, etc.) o presentan una coloración críptica. En ambos casos, el pasar desapercibidas permite a las larvas estar protegidas (dada su delicadeza y falta de cutícula resistente frente a ataques) y al tiempo poder aproximarse a sus presas con facilidad.

En la especie recién descubierta, es su propio cuerpo el que sufre modificaciones que hacen que se asemeje a un grupo de plantas como son las hepáticas. Esta similitud se consigue gracias al desarrollo de las placas laterales de la zona torácica y abdominal, que adquieren una morfología foliada. El aspecto final de las larvas de *P. huangi* es realmente muy parecido al de ciertas hepáticas, tanto en relación al tamaño, como a su morfología macroscópica, incluido el tamaño y la forma de las hojas.

Considerando que este grupo de plantas crecían sobre diferentes partes de los árboles cretácicos, como el tronco o las hojas, parece que debieron vivir las larvas entre las hepáticas, facilitando su supervivencia al pasar fácilmente inadvertidas. Además de lo interesante de la imitación por sí misma, cabe destacar que las larvas de esta especie representan, hasta la fecha, el primer ejemplo de mimesis de plantas en estados larvarios entre insectos fósiles, y que esta imitación no permaneció en el linaje del grupo, de modo que en la actualidad no se conoce.

Dentro del orden Phasmatodea, parece probable que los primeros antepasados se remonten al Pérmico o al Triásico. Estos insectos poseen una morfología que incuestionablemente asemeja partes de diferentes plantas, lo cual se une a un comportamiento característico basado en movimientos lentos y acompasados, como si estuvieran a merced del viento. Se han hallado ninfas en ámbar báltico y dominicano, perteneciente a individuos de clados basales de Phasmatodea, como son Euphasmatodea o Timematodea.

Al tratarse de insectos hemimetábolos, el aspecto general de los estados juveniles se asemeja mucho al de los adultos, por lo que pueden ser de utilidad en las épocas en las que no se han encontrado fósiles de imagos. De China procede un ejemplar de una nueva especie (y de género) del Jurásico medio, el *Aclistophasma echinulatum*, un insecto palo muy bien conservado además de interesante por presentar las primeras estrategias defensivas que han servido para conocer el proceso evolutivo de los mecanismos defensivos y miméticos de este grupo de insectos.

La morfología que muestra el espécimen, revela un parecido asombroso en forma e incluso tamaño, con los frondes de diversos helechos con los que cohabitó, y que evidentemente sirvieron para que pudieran pasar desapercibidos estos insectos. Sin embargo, y a pesar de que este grupo es muy conocido incluso por el público popular no especialista, sus registros fósiles son bastante escasos y existe cierta confusión respecto a determinados ejemplares, lo cual también ha afectado al estudio de su filogenia.

Por poner un ejemplo, recientemente se ha revisado un ejemplar de Euphasmatodea localizado en Brasil, perteneciente al Cretácico inferior (unos 115 m.a.). El que se trate de un ejemplar muy completo ha permitido establecer un nuevo género. Así, dicho espécimen identificado inicialmente como *Eoproscopia reliquum* actualmente queda renombrado como *Araripephasma reliquum* y se convierte en el Euphasmatodea más antiguo hasta el momento conocido. En el Cretácico superior aparece el género *Cretophasmomima*, del cual se conocen varias especies cuyo aspecto recuerda al de insectos palo actuales.

Posiblemente *Eophyllium messelensis* se trata del primer insecto hoja fósil, siendo la datación en 47 millones de años y no fue descubierto hasta 2006 en Messel (Alemania). El ejemplar encontrado es un macho en un estado de conservación excelente, y cuyo parecido con las hojas oblongas de varias plantas de angiospermas registradas en la región, que también son plantas alimenticias potenciales, es indudable. Estas familias de plantas incluyen las familias Lauraceae, Leguminosae y Myrtaceae.

En este ejemplar del Eoceno se puede apreciar que los rasgos morfológicos en comparación con sus parientes más actuales, apenas han sufrido cambios, por lo que la conservación de la apariencia ratifica una evolución idónea. La comparación muestra un aspecto interesante en las patas. En *E. messelensis* no se aprecian las típicas prolongaciones laminares sino extremidades estrechas (más similares a los insectos palo, no hoja) sin diferenciación en este sentido, por lo que tal vez podría tratarse de un rasgo adquirido posteriormente en la evolución como manera de perfeccionar la forma del cuerpo y, por tanto, mejorar la supervivencia.

En cualquier caso, hay que tener en cuenta que las expansiones foliares en las extremidades son mayoría en los insectos hoja, pero no en todas las especies actuales hay un desarrollo excesivo (como es el caso de *Chitoniscus feedjeanus*). Considerando que la morfología foliar puede ser identificada observando los ejemplares de estos insectos, al menos a nivel de familia vegetal, puede estimarse como un argumento más a favor de la diferencia entre cripsis y mimetismo. No tratan simplemente de pasar desapercibidos, sino de asemejarse a una parte específica de la vegetación en la que vivían, y de la que muy probablemente se alimentaban.

A pesar de que los autores de este estudio consideran un caso de cripsis, según se ha defendido a lo largo de diferentes puntos, considero que en realidad es un ejemplo de mimetismo, una clara imitación de una parte concreta de una planta y no una mera confusión con el entorno. En cualquier caso, este estudio resulta de gran importancia no solo por el descubrimiento concreto que supone. Desde el punto de vista de la biogeografía es interesante el detalle de la distribución del ejemplar encontrado.

En la actualidad los insectos hoja se localizan en el sureste asiático, de manera que si hace casi 50 millones de años *E. messelensis* vivía en la actual Alemania, quiere decir que en un tiempo pasado la distribución era mucho mayor. Desde la perspectiva conservacionista no resulta halagüeño pensar que su área de distribución se ha visto tan reducida, pero se abre la posibilidad de encontrar más ejemplares fósiles en otras regiones inesperadas hasta hace unos años.

No obstante hay que considerar que el ambiente de las selvas favorece la meteorización química de las rocas, por lo que es posible que en ciertas regiones del sudeste asiático no se localicen fácilmente fósiles, o su estado de conservación no sea demasiado bueno. Cierto es que en regiones de centroeuropa también hay territorios húmedos, pero las temperaturas son inferiores a las de zonas intertropicales y la meteorización podría ser menos agresiva. Resulta, por tanto, posible aunque difícil, localizar más fósiles fuera de regiones tropicales.

Respecto a los vertebrados mimetas, son muy escasos en el registro fósil. Es por esto que exponer algún caso resulta una buena manera de finalizar este capítulo. Del Jurásico tardío puede hacerse alusión a *Piranhamesodon pinnatomus*, un picnodontiforme de hace algo más de 150 m.a. que supone el primer caso de un pez de aletas radiadas con dientes cortantes o para el desgarre, con toda una morfología mandibular y dental orientadas a una dieta similar a las pirañas actuales, muy diferente a la de otras especies de este orden ya extinto (una especie de placas dentales muy características y específicas, que servían para romper y triturar partes duras como caparazones).

Los autores de la investigación sugieren que *P. pinnatomus* realizaría movimientos lentos para que sus potenciales presas no huyeran, pudiendo ser un ejemplo de mímica agresiva (mímica de Peckham). Al presentar la forma característica de los picnodontiformes junto con, posiblemente, una coloración similar al resto del grupo, podría haberse acercado para luego atacar a otros peces. La fatal sorpresa derivaría del modo de alimentación de este orden de peces, basado en moluscos de concha dura y otros invertebrados con caparazón (como estudios del contenido intestinal así lo demuestran), salvo en esta especie.

En 2018 se describió a partir de un fósil en un gran estado de conservación este particular caso de evolución convergente en relación con la dentición. A pesar de que el aspecto general se asemeja mucho al holotipo de *Apomesodon gibbosus*, cuando se analizaron los dientes de los restos fósiles, se observó una clara diferencia respecto a esa especie, y una gran similitud hacia las pirañas; la presencia en los mismos depósitos localizados en el archipiélago de Solnhofen de posibles presas con daños en diferentes partes de aletas, corrobora los ataques realizados.

El fósil descrito merece detenernos a analizar sus particularidades. Como primer caso conocido de dientes cortadores o desgarradores en el grupo, ya implica en sí un hecho fundamental en la paleontología. Pero además es interesante la convergencia dada con las actuales pirañas. A pesar de que ambos peces se encuentran alejados en el tiempo millones de años, y en el espacio al habitar el medio marino recifal y aguas dulces respectivamente, la presencia de dientes de similares características muestran una vez más cómo las morfologías que resultan favorables desde un punto de vista ecológico, se repiten de manera independiente en la evolución.

Es evidente que atendiendo a esta característica no puede hablarse de mimetismo como tal ya que el parecido es convergente y derivado de unos mismos hábitos alimentarios. Sin embargo, su morfología exterior, y por tanto los rasgos que apreciarían sus potenciales presas al coincidir, son similares a otros picnodontiformes, pasando así inadvertido. Etimológicamente, el nombre deriva del griego «pycno» (grueso) y «odontos» (diente), precisamente por ser éste un rasgo que define a este grupo de peces teleósteos. El hecho de que la especie descrita haya modificado significativamente su dentadura para alimentarse de otros peces mientras que el resto del aspecto no se ve alterado, parece que resulta útil para poder acercarse más a las presas al mostrar un aspecto poco amenazador.

Macromesodon sp. Descubierto el 4 de mayo de 2016 por Martin Ebert en el yacimiento de Ettling (Baviera, Alemania) y preparado por el mismo investigador. Este pez del Jurásico Superior (~150 millones de años) pertenece a un género extinto de picnodontiformes, conocidos por sus dientes adaptados para triturar moluscos y crustáceos. La excepcional preservación tridimensional de este espécimen revela detalles anatómicos clave como las aletas pectorales y la estructura ósea del cráneo [Martin Ebert & Martina Kölbl-Ebert / *Archaeopteryx*].

Ejemplar del sírfido *Eristalis horticola* [Gerrit Lammers / Shutterstock].

ETOLOGÍA Y MIMETISMO

ARTRÓPODOS TERRESTRES

Cuando se observan los diferentes casos de mimetismo que pueden encontrarse en la naturaleza, sorprende la enorme variedad de tipos existentes. Atendiendo al sentido engañado, las especies implicadas... En relación con la etología, cada vez se conocen más ejemplos en los que el comportamiento adquiere un papel importante y, con frecuencia, imprescindible para los mimetas. En diversos estudios se ha considerado que aquellos individuos cuya morfología era imperfecta desde un punto de vista mimético, reforzaban la imitación mediante mimetismo conductual.

Los dípteros del género *Eristalis* presentan mimetismo morfológico respecto de abejas y avispas (lámina XXVI), pero solo en este último caso además se produce mimetismo comportamental. La explicación se refiere a que las avispas suponen una mayor amenaza que las abejas respecto a los potenciales enemigos. De esta manera, al sírfido le interesa parecer no solo en aspecto sino también en comportamiento, una especie etológicamente más agresiva.

Desde la perspectiva del comportamiento, es interesante el trematodo *Leucochloridium macrostomum*, cuyo objetivo principal es tener el aspecto de las orugas de ciertas mariposas para, contrariamente a lo esperado, ser comido por pájaros. Se trata de un ejemplo poco común de mimetismo agresivo, ya que un endoparásito simula ser una presa. El proceso es el siguiente: las aves infectadas eliminan junto con sus excrementos los huevos del trematodo. Cuando ciertas especies de caracoles (como los del género *Succinea*) pasan por encima, los huevos penetran en el interior del gasterópodo desarrollando parte de su ciclo vital.

Caracol parasitado por *Leucochloridium paradoxum* [Henri Koskinen / Shutterstock].

En un momento dado, las larvas se dirigen a los tentáculos cefálicos, y su coloración, movimientos e incluso cierta palpitación hace que se parezcan a orugas. Pero no solo se modifica el aspecto del caracol, sino también su conducta y sus hábitos, de manera que permanece expuesto y en zonas poco protegidas. Ambas circunstancias hacen que los pájaros visualicen los apéndices y se los coman o se los lleven a sus polluelos. De esta manera, completarán su ciclo en el interior de las aves. Esta misma situación se observa con otras especies de este mismo género de trematodos, siendo un mecanismo de imitación muy eficaz para el parásito.

Numerosos científicos han descrito casos de arañas imitadoras de hormigas, principalmente en familias como Clubionidae, Salticidae, Theridiidae, Araneidae, Thomisidae, Gnaphosidae, Zodariidae, y Eresidae. Este hecho es muy curioso por tratarse de dos grupos, arácnidos e himenópteros, con evidentes diferencias morfológicas y comportamentales, entre otras. Desde luego lo más llamativo, probablemente, es pensar cómo una especie de ocho patas puede simular ser otra de seis, y por qué. Los siguientes casos descritos tratan de dilucidar esta peculiar situación.

Myrmarachne formicaria es uno de estos casos, interesante no solo en lo que se refiere al aspecto, a la morfología, sino también porque es capaz de imitar los característicos movimientos de las hormigas cuando siguen rastros químicos. Dichos movimientos, se diferencian de los que llevan a cabo otras especies no miméticas, y sin embargo presentan un patrón muy similar al de las hormigas cuando tratan de encontrar las feromonas dejadas por compañeras de colonia.

En realidad este caso no es excepcional desde un punto de vista numérico (evidentemente lo es considerando el fenómeno en sí mismo), ya que se conocen unas 300 especies de arañas imitadoras de estos himenópteros, esencialmente de la familia Salticidae (con más de 200 especies con mirmecomorfismo preciso), en la cual se considera que ha evolucionado de manera independiente al menos en 12 momentos.

Parece llamativo que un artrópodo depredador como puede ser una araña, imite un insecto en principio más inofensivo. Sin embargo no es del todo cierto, ya que son capaces de morder e incluso rociar sustancias irritantes a una cierta distancia, además de que su estructura social implica que rápidamente acuden otros individuos para defender o atacar.

Araña imitadora de hormigas del género *Sarinda* [Vinicius R. Souza / Shutterstock].

La diferencia en el número de patas no resulta un problema tal como se comprobó mediante observaciones con cámaras de gran calidad para comparar los movimientos de *M. formicaria* y tres especies de saltícidos no miméticos, respecto de *Formica* sp. Durante el desplazamiento de un lugar a otro, la especie imitadora sí utiliza las ocho patas, pero cuando se detiene levanta las anteriores para aparentar los tres pares de patas de las hormigas y las antenas (ausentes en los arácnidos). Respecto a los quelíceros, dada la disposición bucal que presentan, se asemejan a algo que pueden llevar en la boca para trasladarlo al hormiguero.

Los estudios parecen demostrar que las arañas miméticas son depredadas en menor medida que las que no lo son, por otras especies depredadoras, asunto ya observado por Peckham a finales del siglo xix. Se trata en estos casos de un mimetismo batesiano, si bien parece que se dan casos de mimetismo agresivo ya que hay especies que aprovechan el parecido para alimentarse de otros arácnidos.

Tal es el caso de *Myrmarachne melanotarsa*, que vive en colonias gigantescas donde se encuentra el himenóptero *Crematogaster* sp., al que imita a la perfección, junto con otras especies de arañas como *Pseudicius* sp. o *Menemerus* sp., a los que depreda gracias a la confusión por su aspecto de hormiga. Por tanto, en los casos de imitadores perfectos tanto en el aspecto como en los movimientos, el riesgo de ser devorados por depredadores de hormigas (incluidas otras arañas) es superior a las especies cuyos movimientos son diferentes a las de estos himenópteros a pesar de su parecido morfológico.

El por qué existen arañas imitadoras de hormigas que perfeccionan uno o los dos aspectos, podría entenderse en relación a la presión de selección. Según predominen un tipo u otro de depredador, así prevalecerá un mimetismo más o menos perfecto, y que incluya o no los dos aspectos mencionados. Sin embargo hay que considerar además otra circunstancia. Cuando se produce mirmecomorfismo para camuflarse entre las hormigas de una colonia, hay que considerar el punto de vista del depredador.

Así, cuando el aspecto es similar pero, por ejemplo, los movimientos son de arácnido o al menos poco similares a los de una hormiga, el atacante tendrá en cuenta otras características, como sustancias químicas, rasgos morfológicos concretos, etc. Esto es importante tenerlo en cuenta, especialmente si se piensa que existe lo que podría llamarse una jerarquía en las características empleadas para la identificación de las presas potenciales.

Además, cabe añadir un aspecto no nombrado hasta ahora, como es el dimorfismo sexual. Así, la hembra de *Myrmarachne plataleoides* imita a la perfección, al menos al ojo humano, el aspecto y movimientos de la hormiga tejedora *Oecophylla smaragdina*. Sin embargo, los machos de esta araña son bastante más grandes (hasta 7 y 12 mm respectivamente) y posee unos quelíceros mucho más desarrollados, por lo que el aspecto cambia bastante. La imitación se modifica ligeramente, haciéndose pasar por individuos que portan otra hormiga más pequeña.

En relación con el sexo, queda un aspecto importante que considerar, y es que la morfología de las especies que exhiben mirmecomorfismo implica un estrechamiento corporal y por tanto el saco de huevos que puedan portar es menor. Para compensar este hecho, realizan un mayor número de puestas anuales.

Además de los arácnidos, resulta de interés atender a las fases juveniles de los mántidos. Es por ello que debe repararse en las ninfas de

Imagen de *Myrmarachne plataleoides* en «posición hormiga» [Zety Akhzar / Shutterstock].

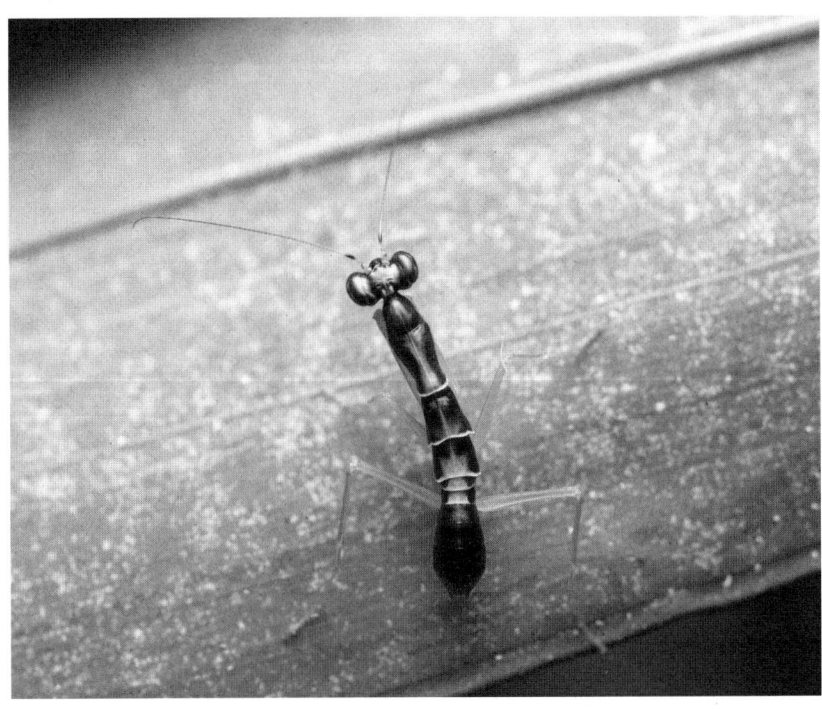

La mantis *Odontomantis planiceps*, con aspecto de hormiga [Ferenc Speder / Shutterstock].

Odontomantis planiceps, cuyo aspecto imita el de ciertas hormigas especialmente cuando se muestran en grupos. Lo mismo sucede con la especie *O. pulchra* (*Euantissa pulchra*) cuyas formas juveniles se asemejan individualmente a hormigas negras (inespecíficas), mientras que los adultos presentan un aspecto no mimético.

Respecto a esta última especie, existen más relaciones interespecíficas que involucran a esta mantis, a arácnidos también imitadores de hormigas y, claro está, a las propias hormigas (de dos especies distintas con diferente agresividad). Así, *O. pulchra* no solo evita ambas especies de hormigas en función de su peligrosidad, sino que es engañada por los arácnidos imitadores de hormigas (del género *Myrmarachne*), respondiendo también de manera diferenciada a las dos arañas miméticas en función de si la apariencia se corresponde con las hormigas más agresivas (*Oecophylla smaragdina*) o menos (*Camponotus sericeus*).

Al igual que ocurre con las ninfas de *O. planiceps*, las ninfas del género *Hyalymenus* se asemejan a las hormigas del género *Ectatomma*. Su comportamiento también es imitado, de manera que quedan a salvo de los depredadores, que rehuyen a estos himenópteros capaces de inyectar toxinas. Al convivir ambos grupos, lo que puede ocurrir es que sean las propias hormigas quienes las ataquen, aunque evidentemente no es lo más habitual.

Añadiendo a estos engaños una mímica agresiva, es llamativo el caso del ortóptero (Tettigoniidae) *Chlorobalius leucoviridis*, que imita los aleteos y cantos de las hembras de cigarras (Cicadidae) para atraer a los machos y poder depredarlos. Teniendo en cuenta que en Australia, donde se encuentran, hay cientos de especies de cigarras, lo sorprendente es que las investigaciones han descubierto a través de estudios controlados, que los saltamontes responden de forma adecuada al canto específico emitido por los machos, a pesar de no haber tenido previamente la oportunidad de conocer la señal.

Posiblemente sea debido a que emplean patrones o pautas generales. La imitación es suficientemente buena como para que lleguen a acercarse lo necesario al saltamontes y puedan ser atrapados, lo cual es debido a que no solo se produce un engaño acústico apto, sino también visual. Los ortópteros son capaces de simular unos movimientos que los machos de cícadas confunden con los realizados por las hembras.

Se trata, por tanto, de un hecho interesante por dos motivos principales: porque se diferencia de otras formas de mimetismo vocal

Imago de la mariposa imitadora de avispones, *Sesia apiformis* [Eileen Kumpf / Shutterstock].

en que hay engaño visual por movimiento (no por parecido morfológico) y por la capacidad de adaptar el sonido emitido a la especie susceptible de ser depredada. Un comportamiento comparable se da dentro de la familia Lampyridae. *Photuris versicolor* es capaz de imitar la señal luminosa de las hembras de al menos once especies diferentes del género *Photinus* para poder devorar a los incautos machos cuando se acerquen. La gran cercanía filogenética parece ser la razón del logro este tipo de imitación en este caso.

Ciertas mariposas han modificado su aspecto para imitar a diferentes especies de distintos taxones. En la familia Sesiidae, como la *Sesia apiformis* entre otras (lámina xxvii), la coloración del cuerpo en franjas amarillas y negras asemeja el tórax y abdomen de himenópteros, lo que se une a la trasparencia total o casi total, según la especie, de sus alas. La transparencia se ha logrado gracias a la pérdida de las escamas que suelen recubrirlas, y esta familia ha adquirido hábitos diurnos e incluso algunas son capaces de imitar un ligero zumbido.

Dentro de esta familia, *Pyrophleps ellawi* es una especie descubierta y documentada gráficamente en Malasia que imita a avispas alfareras no solo en su coloración (azul algo metalizada) o movimientos cuando está posada, sino también en el vuelo. En esta familia de lepidópteros pueden citarse géneros de los que se siguen encontrando especies imitadoras en diferentes partes del mundo; están siendo especialmente fructíferas las expediciones realizadas a regiones del sudeste asiático como Tailandia o Laos, donde se estudian nuevas especies de géneros ya conocidos como *Aschistophleps* o *Melanosphecia*.

También dentro de los lepidópteros, merece atención la especie *Heterosphecia tawonoides* por diversas razones. Durante 130 años permaneció sin conocerse más de un ejemplar (el holotipo) que permanece en el Museo de Historia Natural de Viena. A pesar de que se capturó en 1887 en Sumatra, no fue descrito hasta 2003 gracias a ese único ejemplar, y hubo que esperar hasta 2017 para poder ser observado en fotografías y grabaciones de vídeo realizadas en Malasia.

El cuerpo y las alas son de un color azul intenso metálico por las escamas que posee en ellas (al contrario que otras especies de la misma familia) y presenta patas peludas que recuerdan enormemente a las de los abejorros. Al igual que ocurre con otras especies del género *Heterosphecia* o la ya citada *P. ellawi*, esta especie imita los movimientos y el vuelo de los insectos a los que pretende asemejarse, y se ha visto ambas especies volando cerca de ellos.

Aglais io (*Inachis io*) [Marek R. Swadzba / Shutterstock].

En este punto es interesante analizar el caso de aquellas mariposas que muestran grandes ocelos en sus alas, como se observa en
Saturnia pavonia, Saturnia pyri o *Inachis io*. Tradicionalmente se
había considerado que se trataba de una imitación de los ojos de rapa-
ces como los búhos, de manera que cuando un depredador como
pequeñas aves o pequeños mamíferos se enfrentan a dichas manchas, proceden a retirarse para evitar ser depredados a su vez (hipótesis de la mímica del ojo).

Sin embargo, existe otra teoría reciente que se conoce como «hipótesis de la señal conspicua», según la cual los mesodepredadores no
huyen por la imitación de un depredador mayor, sino por una neofo-
bia que provoca la evitación frente a aspectos o situaciones novedosas
no conocidas y por tanto potencialmente peligrosas. Ambas hipótesis son interesantes, ya que la primera de ellas representa una imitación entre grupos tan alejados como un lepidóptero y un ave, además
de la forma de interpretar el mundo de los animales (unas manchas
circulares representan los ojos un depredador peligroso y con eso es
suficiente para huir), y por otro lado, la segunda hipótesis hablaría
del conservadurismo de las especies para evitar sufrir daños frente a
algo nuevo. Esto último sería sugestivo para realizar otro estudio, ya
que en la naturaleza debe existir un equilibrio entre ser precavido y
tener capacidad de escudriñar en el medio en el que se vive.

Erlacda arhaphaeoides es un heteróptero que imita al himenóptero *Euplaniceps saussurei*. A pesar de que la tribu a la que pertenece
el hemíptero se caracteriza por presentar mirmecomorfía, esta especie se asemeja a una avispa (Pompilidae) y resulta prácticamente desconocida dada su reducida área de distribución, en las regiones de
Coquimbo y Valparaíso (Chile), al tratarse de un endemismo. La ventaja para la chinche resulta bastante clara ya que, gracias al mimetismo batesiano que presenta, puede quedar protegida de sus depredadores. Esto es particularmente interesante frente a depredadores
como las arañas, al imitar a un tipo de avispa que las parasita.

Este cefalópodo despliega su repertorio de supervivencia: células pigmentarias (cromatóforos) que cambian de color en milisegundos, músculos que alteran la textura de su piel para imitar corales o rocas, y hasta posturas corporales que completan la ilusión. Un espectáculo de biología adaptativa donde el depredador se convierte en el entorno mismo [Yeshaya Dinerstein / Shutterstock].

EL MEDIO MARINO

Los cefalópodos son grandes especialistas en la cripsis y el mimetismo. Algunos se han hecho transparentes, otros poseen «contrasombreado inverso» o imitan fondos arenosos rocosos, algas flotan tes o incluso se asemejan a las llamadas anguilas de jardín, peces loro o caracoles. Las especies residentes en zonas rocosas o de arrecifes de coral, tienden a esconderse imitado dicho entorno, tanto en coloración como en textura. Sobre rocas, o entre grietas, a menudo es prácticamente imposible distinguirlas hasta que se mueven.

Los medios arenosos hacen que el aspecto y comportamiento sea diferente en los pulpos de estos entornos. Además de una coloración más acorde con el sustrato, es frecuente que porten sus propios elementos de camuflaje, como por ejemplo algas. En ambos casos, se trata de una cripsis de manera evidente, al pretender confundirse con el entorno. La ocultación se basa en tres factores principales, a saber, el color, la textura y la forma o comportamiento.

La coloración se produce gracias a un sistema de pigmentos y reflectores. Los pigmentos son en la mayoría de los casos de tonos amarillos, marrones y rojizos (si bien por ejemplo el género *Hapalochlaena* comprende los llamados pulpos de anillos azules, con coloración aposemática) y se localizan en la epidermis. Para mostrar un pigmento u otro, el pulpo contrae los músculos alrededor de la vesícula que contiene la pigmentación correspondiente, lo que hace que este se abra, dejando el color a la vista. Según la combinación de saquitos que abra o cierre, produce los diferentes diseños de bandas, rayas o manchas.

Además presenta células reflectoras de dos tipos. Las primeras reflejan la luz que les llega, por lo que muestran la coloración de dicha luz. Las segundas proporcionan diferentes colores según el ángulo del observador. En conjunto, la variedad de colores y patrones es casi infinita.

Respecto a la textura, al contraer unos músculos especiales, la piel habitualmente lisa del pulpo se torna rugosa. Este fenómeno puede llegar a ser realmente llamativo, como en el pulpo alga, *Abdopus aculeatus*, que fácilmente puede llegar a ser confundido con un alga marina. Por último, la colocación que adquiera hace sea más o menos visible, por ejemplo disponiéndose para parecer un trozo de coral o roca, o incluso moviéndose muy lentamente al compás de la corriente para confundir al observador.

El pulpo *Thaumoctopus mimicus* haciéndose pasar por ¿un pez plano? [Ethan Daniels / Shutterstock].

Sin embargo, estos ejemplos pasan a un segundo plano al tratar al que posiblemente es uno de los casos más llamativos de los últimos años en relación con el mimetismo en invertebrados: el pulpo indonesio *Thaumoctopus mimicus*. Descrito formalmente en 1998, mide apenas 60 cm, y es capaz de imitar hasta 15 especies completamente diferentes de una manera realmente asombrosa, a menudo para simular otras más peligrosas de las que le están atacando.

Entre esas especies se reconocen fácilmente rayas, cangrejos, medusas o anémonas por poner algún ejemplo. Además podemos incluir la semejanza con peces planos, si bien en este caso puede considerarse un mimetismo imperfecto dado que aparenta ser uno de ellos, pero ninguno en particular, probablemente debido a que su hábitat comprende la presencia de diversos organismos modelo, así como variados potenciales depredadores.

Para lograr cualquiera de sus imitaciones no solo modifica la coloración o textura de su tegumento, además imita las formas y comportamientos de las diferentes especies incluso tan alejadas taxonómicamente como las citadas. En relación con la textura, es algo típico en muchos cefalópodos, sin embargo en este caso además puede imitar algunas de naturaleza tan dura como la de la langosta mantis o el cangrejo gigante.

Aunque hay parte del mimetismo que resulta «inofensivo» desde el punto de vista del animal al que se asemeja, por ejemplo en el caso de los peces planos, su imitación de los peces león o de serpientes marinas tiene obviamente un fin de tipo defensivo desde el momento en que simula ser una especie peligrosa. Al parecer, este pulpo es capaz de elegir la especie a la que imita en función de si su objetivo es depredar o no ser depredado. Algo similar al conocido personaje de los X-men Changeling (en España conocido como Cambiante o Morfo), capaz de hacerse pasar por cualquier persona y que según las versiones y épocas de aparición, ha actuado como villano o como amigo del equipo del Charles Xavier, o como el simpático Pokémon Ditto, que imita el aspecto y los movimientos de cualquier otro, independientemente de su tamaño.

Stalix histrio (Opistognathidae) guarda una estrecha relación con el singular *Thaumoctopus mimicus*. Este pequeño pez bocón no es un buen nadador, por lo que resulta una presa fácil. Gracias a su coloración y comportamiento, utiliza al pulpo mimético para salir de sus escondrijos y no ser devorado por un depredador. Así, aprovecha su gran parecido con un tentáculo de este pulpo, y se mueve entre ellos como si fuera uno más para no ser visto y, por tanto, comido. Al parecer, al cefalópodo no le molesta y le ignora. En definitiva, el gran imitador es imitado.

En los arrecifes de coral, existen alrededor de 60 especies de peces imitadoras. Tal es el género *Plagiotremus*, conocido porque algunas de sus especies (como *Plagiotremus rhinorhynchus*) son imitadoras de peces limpiadores de los arrecifes. Al presentar una coloración y aspecto similar a peces como *Labroides dimidiatus*, aprovechan para alimentarse de especies de un tamaño intermedio. Evidentemente, la diferencia entre una especie y la otra radica en beneficio o perjuicio ocasionados tras la interacción con los «clientes». Algo equivalente sucede con el pez blénido *Aspidontus taeniatus*, que también imita al limpiador *L. dimidiatus* en su color y en la danza usada por éste último cuando se aproxima a un cliente.

Una investigación con especies de Indonesia y de las Gran Barrera de Coral australiana, examinó 15 pares de especies modelo-especies miméticas. Se determinó por reflectancia espectral y mediante el modelo de discriminación de color de Vorobyev-Osorio, que respecto a la coloración y la luminancia, los imitadores se parecen más a los modelos, que el resto de especies arrecifales.

Sin embargo, cabe diferenciar entre aquellos peces que presentan sensibilidad ultravioleta, con una mayor capacidad para discernir respecto al color entre el modelo y el mimético, en relación a las especies con solo un sistema visual tricromático y especialmente aquellas que presentan un sistema visual dicromático, cuya habilidad en este último caso para discernir entre las especies modelo e imitador es mucho menor.

Como la falta de luminosidad podría afectar a la visión, con la profundidad el modelo y el imitador son más parecidos que en zonas más superficiales. Parece que la presión de selección se ve afectada por la luminosidad, así como por el sistema visual de los peces. De manera que los depredadores en general no presentan una visión UV desarrollada y su sistema visual es dicromático, por lo que los pares de especies no necesitan ser muy similares (aparentemente), pudiendo pasar dichas diferencias inadvertidas al depredador.

EL MIMETISMO VOCAL

En el día a día, muchas veces nosotros mismos hemos imitado cómo habla alguna persona, por su acento especial, por sus muletillas... y en el caso de imitadores profesionales, incluso se ganan la vida imitando a otros famosos. Es el caso del archiconocido Carlos Latre, cuyo registro contempla 600 voces conocidas, y que en un solo *show* es capaz de imitar un centenar de personajes. La publicidad también juega con la imitación, a menudo en medios radiofónicos. No es raro que la sintonía de un programa de radio sea imitada (dentro de los límites legales, como bien saben los publicistas) cuando el locutor principal cambia de programa o cadena. De esta manera, se realiza una especie de continuidad para los oyentes habituales. Por otro lado, cuando un grupo de música cambia de solista, es frecuente que quien le sustituya tenga un timbre parecido. Con el tiempo, poco a poco, irá asumiendo su verdadero estilo cuando ya no exista un rechazo por el cambio.

Sin embargo, el mimetismo vocal en la naturaleza es bastante desconocido, especialmente en determinados grupos animales, por la forma en la que se produce, y especialmente los motivos por los que se da. Este fenómeno se ha observado con frecuencia en cautividad produciéndose como una especie de asimilación al grupo al que artificialmente pertenecen (por ejemplo en los zoológicos). De hecho, animales como orcas jóvenes de acuarios, delfines e incluso diferentes especies de loros, apenas presentan mimetismo vocal en su estado natural.

Posiblemente la mímica vocal en las aves fue el primer caso bien reflejado en documentos históricos, ya que las crónicas hablan de un loro yaco africano (*Psittacus erithacus*) propiedad del Rey Enrique VIII y que imitaba las voces de los sirvientes. Más cercano en el tiempo y en el espacio es el conocido como el loro Ravachol («El loro más famoso del mundo»), quien vivió en Pontevedra entre 1891 y 1913. Este nombre se lo dio su dueño, el farmacéutico Perfecto Feijoo, por el carácter que presentaba su exótica mascota (por su parecido con el anarquista francés del mismo nombre). Imitaba frases y vocabulario que escuchaba de los vecinos, no siempre adecuado, y era revoltoso, alborotador e incluso bromista.

En gallego a menudo llamaba al boticario para que saliera por la presencia de clientes, y luego le decía que le había engañado, ya que no había nadie. Incluso insultaba a personalidades como el Presidente de Gobierno Eugenio Montero, o a la escritora Emilia Pardo Bazán.

Pequeña calandria, *Melanocorypha calandra*, en su hábitat [Tamer Yilmaz / Shutterstock].

Capaz de mantener pequeñas conversaciones, era capaz de aplicar las frases o palabras que copiaba, en situaciones correctas. Llegó a ser tan popular que, al morir, su propietario recibió condolencias de toda España, se embalsamó el cadáver, y la Sociedad de Artesanos preparó la capilla fúnebre. Al entierro acudieron grandes personalidades pontevedresas de la época, junto con una gran parte del pueblo. Torrente Ballester se inspiró en el loro Ravachol para crear uno de sus personajes de la novela *La Saga/Fuga de J. B.* (1972), y desde 1985 es un personaje recurrente del carnaval de Pontevedra. Actualmente existe merchandising, una saeta, una rumba, saetillas... incluso una escultura frente a la iglesia de la Virgen Peregrina y una figura de la cerámica de Sargadelos.

Aunque es de sobra conocida esta capacidad dentro del orden de los psitaciformes, otras muchas aves muestran mimetismo vocal, como en los Passeriformes, orden en el que el canto está más desarrollado. Es el caso de *Acanthis cannabina*, que ya en 1773 Daines Barrington (1727-1800) logró que juveniles criados aprendieran el canto de varias especies de alondras al realizar un experimento en el que se producía un cambio en los progenitores, documentando dicho resultado (*Experiments and observations on the singing of birds*).

Más próximo en el tiempo y el espacio puede mencionarse un hábito arraigado en diferentes territorios de España, como por ejemplo en La Moraña (Ávila). Tradicional ha sido la costumbre de recoger pollos de calandrias (*Melanocorypha calandra*) para enjaularlas y disponerlas próximas a las jaulas de otras aves cantoras, como verderones o jilgueros, para que aprendieran el canto de estas. Lo curioso es que, además, es capaz de imitar en cierta manera la voz humana.

Esta forma de mimetismo ha sido documentada en numerosas ocasiones en diferentes especies de aves; de hecho se calcula que tienen esta capacidad alrededor de un 15-20 % de las especies cantoras si consideramos la imitación de sonidos no específicos. Frecuentemente es el fin reproductivo el que hace que los machos imiten diferentes sonidos para alejar a los potenciales rivales o para atraer a las hembras, como ocurre por ejemplo en las especies del género *Ptilonorhynchus*, cuyos machos logran un mayor éxito reproductivo cuantos más sonidos son capaces de imitar (junto con las danzas específicas o los rega-

Menura alberti caminando [Martin Pelanek / Shutterstock].

los azulados del falso nido que por ejemplo forman parte del ritual del *Ptilonorhynchus violaceus*).

Resulta curioso, en el caso de este último que no solo él es un gran mimeta vocal sino que además el pergolero satinado es frecuentemente imitado por el ave lira de Alberto *Menura alberti*, que se sabe simular al menos 10 especies diferentes. Otra de las especies, el *Ptilonorhynchus maculatus*, presenta mimetismo batesiano respecto a especies peligrosas, con dos objetivos: eludir posibles depredadores y ahuyentar competidores alimenticios.

Se han realizado diferentes estudios para relacionar la variación geográfica y la variedad mímica, si bien aún faltan muchos más para poder tener conclusiones bien fundamentadas. Esto es debido a que existen una enorme diversidad en el tamaño y hábitos de las aves, por lo que en ocasiones parece que el aprendizaje se da entre individuos de la misma especie (en aquellos con registros similares), mientras que en otros parece que la imitación se da directamente de manera heteroespecífica.

No puede establecerse un único patrón de mimesis, ya que por ejemplo la imitación que sucede entre el ave lira de Albert y el pergolero satinado mantiene una estrecha relación entre poblaciones, mientras que esto no parece cumplirse entre otras especies, posiblemente porque el territorio de un individuo de una de las especies abarca el de varios individuos de la imitada.

Sin embargo, en los casos en los que la imitación es heteroespecífica, parece que puede deberse a un aprendizaje erróneo de aves presentes en el territorio, o incluso con un fin defensivo al imitar a depredadores. En relación con este fin defensivo es interesante el caso del género *Phainopeplas*, dentro del cual destaca *Phainopepla nitens*, capaz de imitar al menos 37 vocalizaciones de 12 especies diferentes de aves cuando son atrapadas de alguna manera.

El aprendizaje posiblemente se prolonga en el tiempo ya que los ejemplares capturados en California son capaces de imitar otras aves, tanto de la zona desértica como de la boscosa costera (con 90 km de separación entre ambas), independientemente del lugar de muestreo. Esto solo es posible si a lo largo del año se localizan en esos hábitats aprendiendo, al menos durante un año, los cantos de otros pájaros. Esta información puede resultar relevante al proporcionar referencias sobre las regiones donde ha nacido o vivido el ejemplar ya que puede conocerse las aves con las que ha cohabitado en algún momento.

Phainopepla nitens oteando desde una rama [Agami Photo Agency / Shutterstock].

Existen cuatro hipótesis principales de por qué mimetizan sonidos de alarma en estas situaciones, si bien no está del todo claro. Sin
ser necesariamente excluyentes, las razones para imitar otras especies de aves podrían ser:

1. Para alertar a parientes de las proximidades;
2. atraer a otros depredadores que pudieran competir con el primero y distraer así la atención sobre sí mismos;
3. para asustar con los sonidos al depredador;
4. o para atraer a otras aves de su misma o distinta especie, que
   puedan colaborar asediando al depredador por verse ellas también amenazadas en el territorio

Teniendo en cuenta estas cuatro posibles alternativas, podría considerarse que según la especie imitada (sus características, tamaño,
agresividad, etc.) sería más acertado considerar una u otra intencionalidad. Por ejemplo, se han realizado observaciones en las que un
ejemplar de *Phainopepla* imitaba a un halcón de cola roja cuando era
atacado por un alcaudón (*Lanius ludovicianus*), lo que llevó a sugerir
que *Phainopepla* podría usar la imitación en las llamadas de socorro
para distraer al depredador (al parecer sin éxito, ya que el alcaudón
acabó matando al *Phainopepla*).

Con el mismo objetivo disuasorio, la *Acanthiza pusilla* australiana
es capaz de imitar las señales de aviso de distintas aves cuando visualizan un azor. Su objetivo es eludir el ataque de su principal enemigo,
el llamado verdugo pío (*Strepera graculina*) también posible presa de
los azores. Así, cuando un verdugo se aproxima a un nido de acantiza
parda, los adultos emiten sonidos imitando las diferentes señales de
alarma que otras especies manifiestan cuando se aproxima un azor.
El desconcierto provoca que se distraiga e incluso que se aleje, dando
tiempo a los polluelos para que huyan.

Ciertas especies tropicales, como el *Dicrurus macrocercus*, emplean
la imitación como rol en los grupos de alimentación interespecíficos.
En otras especies, como en el ave-lira *Menura novaehollandiae* parece
tener un componente relacionado con la reproducción a pesar de imitar no solo cantos de otras aves (hasta 16 diferentes), sino que los
machos jóvenes imitan a los adultos, e incluso, como filmó David
Attenborough (*The life of birds*, 1998), sonidos artificiales hechos por
el hombre como motosierras, sonidos de cámaras y un largo etcétera.

La impresionante ave-lira *Menura novaehollandiae* [Jason Benz Bennee / Shutterstock].

Si bien esto resulta llamativo, no lo es menos el pequeño carrilero políglota (*Acrocephalus palustris*) llamado así precisamente por el hecho de llegar a imitar 76 especies distintas de las cuales el 40 % proceden de las zonas de cría de Europa, y el otro 60 % de las zonas de invernada africanas. Resulta curioso pensar cómo los humanos imitamos la naturaleza, a veces siendo conscientes, y otras quizá sin serlo. Estas aves recuerdan a los populares teclados electrónicos, capaces de reproducir el sonido de múltiples instrumentos con sólo pulsar una tecla.

El mimetismo también se da entre grupos muy diferentes. Los polluelos de la lechucita vizcachera, *Athene cunicularia*, se localizan en cavidades del suelo, por lo que encuentran más expuestas a enemigos que otras aves con nidos en árboles, riscos... Para compensar esta circunstancia, los jóvenes emiten un sonido particular similar al de las serpientes de cascabel para así ahuyentar a los depredadores.

No es el único ejemplo que puede encontrarse entre las aves, ya que *Synallaxis albescens* realiza vocalizaciones semejantes al sonido de advertencia de las víboras, *Crotalus durisssus terrificus*. Este pequeño pájaro, además de mostrar una coloración críptica acorde al ambiente en el que vive, presenta en sus juveniles la capacidad de imitar el cascabel de estas serpientes cuando se ven amenazados. Se describió por primera vez este hecho en la Pampa Chañarienta en Argentina, e inmediatamente lo asoció a la imitación ya descrita de la pequeña lechuza de las madrigueras, conocida por la comunidad científica desde hacía años. Algo similar ocurre en los juveniles de otras especies que anidan en huecos de árboles, como *Otus asio* o *Aegolius acadicus*.

Jynx torquilla es un piciforme incapaz de taladrar los árboles como hacen otros pájaros carpinteros. Su nombre común, torcecuello, deriva de su actitud cuando se le sorprende en el nido, debido a que presenta una vértebra especial heterocélica. Gracias a ella, gira el cuello despacio, estirándose y encogiéndose lateralmente, alternando con movimientos rápidos de delante hacia atrás. Simultáneamente eriza las plumas del píleo, en la cabeza, y realiza un sonido como el de una culebra o una víbora que se muestre molesta. Estos sonidos, unidos a una coloración similar a las de ciertos ofidios, asusta a los posibles predadores, particularmente otras aves, ya que imita a las serpientes predadoras de huevos. Pero no queda en el adulto la imitación, ya que los polluelos realizan un sonido similar al zumbido de las abejas, por lo que los enemigos no se acercan a lo que creen que es un panal.

Jynx torquilla con su característica (y aparentemente angustiosa) pose [Roel Meijer / Shutterstock].

Dentro de la clase Mammalia se han documentado muchos ejemplos de mimetismo vocal tanto en el medio terrestre como en el marino. En este último caso, cabe mencionar cetáceos como el delfín nariz de botella, *Tursiops truncatus*, especie estudiada en diversas ocasiones, observándose mímica vocal tras entrenamiento, así como de forma espontánea. Entre otras investigaciones en los que se observó esta «naturalidad», es interesante la realizada en la Universidad Estatal de San Francisco en 1993 y en la cual emplearon una pareja y sus dos crías, por lo que pudieron compararse las posibles diferencias dadas por la edad además de por el sexo (esto último de forma no significativa ya que solo había una hembra adulta).

También se han conocido casos en pinnípedos como *Phoca vitulina* y *Halichoerus grypus*. Respecto a la primera, la foca moteada o de puerto, en 1985 se grabaron vocalizaciones de ejemplares cautivos y se observó que eran los machos adultos los ejemplares con más vocalizaciones, mientras que las hembras de más de un año las que menos. Las imitaciones eran del habla humana, aunque se especuló con la posibilidad de que en el medio natural unos machos imitaran a otros. Más tarde, en 2019, se estudió la capacidad de imitación de la foca gris como parte de una investigación sobre el aprendizaje vocal, comprobando que los ejemplares observados fueron capaces de imitar no solo sonidos vocálicos humanos, sino incluso hasta diez notas de algunas canciones populares.

Se han realizado estudios acerca de las capacidades miméticas vocales del elefante africano (*Loxodonta africana*), concretamente en dos individuos mantenidos en cautividad. En el caso de una hembra fue capaz de imitar sonidos de camiones debido al ambiente cercano en la carretera donde vivía habitualmente, mientras que el otro individuo era un macho que convivía con elefantes asiáticos en un zoológico de Suiza. El barritar que emitía era semejante al de los *Elephas maximus*, en lugar del de sus congéneres africanos.

Dentro de los primates se documentó el caso de un orangután (*Pongo* spp.) cautivo en el zoo de Indianápolis, que demostró la habilidad que poseía en imitar sonidos humanos modulando y controlando sus vocalizaciones hasta de 500 formas diferentes tal como lo hacía una de las investigadoras. La grabación de las modulaciones de Rocky fueron analizadas mediante un software para evitar la subjetividad y buscar la comparación con la voz humana, y se demostró que no era cuestión de la casualidad.

Cito estos casos por el interés que puede suscitar el hecho de que haya animales que puedan presentar mímica vocal tras entrenamiento pero también de forma espontánea hasta el punto incluso de imitar sonidos humanos. Si bien hay que considerar que los ensayos realizados no dejan de ser provocados para lograr este fin y en condiciones de cautividad. Posiblemente lo interesante no es la intervención del hombre como tal, sino el conocer que anatómicamente existe la posibilidad de mimetismo en estos animales y que por tanto puede ocurrir en la naturaleza. En el caso de animales depredadores, podría ser sugerente realizar estudios sistemáticos en estos grupos animales al menos para comprobar si emplean esta potencial capacidad en la caza tal como algunos científicos apuntan.

OTROS COMPORTAMIENTOS INTERESANTES

Más allá de la imitación vocal, pueden encontrarse especies de gran interés en relación a su comportamiento. Merece la pena destacar el ave amazónica *Laniocera hypopyrra*, cuyo polluelo presenta unas plumas diferenciadas que aportan un aspecto similar al de una oruga tropical urticante de sabor desagradable, de la familia Megalopygidae. Esta característica física se une a un movimiento similar a estas larvas cuando son molestados o algún depredador potencial se aproxima al nido donde se encuentran.

Este caso de mimetismo es realmente curioso considerando que un vertebrado imita la larva de un insecto, si bien claramente presenta utilidad dado que se trata de una especie especialmente tóxica. Muy diferente es *Podargus strigoides*, una especie australiana cuyo aspecto y pose recuerdan a ramas secas rotas, de manera que son conocidos como pájaros palo. Recuerdan a aquellas orugas que permanecen quietas para aparentar ser ramitas de las plantas donde se localizan. En ambos casos, la clave no solo es la coloración, sino la quietud que presentan durante largo tiempo.

En la familia Nyctibiidae se encuentran unas aves relacionadas con los chotacabras, los llamados «potoo» (*Nyctibius* sp.). Estas aves sur y centroamericanas tienen un comportamiento similar al de *P. strigoides*, de manera que, a pesar de presentar un pico y ojos de gran

Nyctibius griseus pasando desapercibido [Uwe Bergwitz / Shutterstock].

tamaño, es capaz de mostrar una apariencia y quietud tal, que parecen la continuación de una rama rota. Esto les resulta particularmente útil desde el momento en que son aves nocturnas, y el poder pasar desapercibidas para los posibles depredadores sin tener que invertir en energía o falta de descanso, por ejemplo, resulta bastante práctico. Una vez más, conviene recordar que no se trata estrictamente de un caso de camuflaje al imitar, en ambos casos, una parte de una planta, aunque sea una rama rota. No se trata simplemente de una coloración más o menos similar al entorno, ya que además se adapta el comportamiento para parecer una prolongación del propio vegetal.

En relación con las aves parásitas de nido, el mecanismo de defensa más adecuado para evitar que sus huevos sean desalojados, es adquirir un mimetismo respecto a los huevos «modelo». El ejemplo clásico es el cuco (*Cuculus canorus*), capaz de parasitar el nido de aves muy diversas, gracias al enorme parecido que guardan sus huevos, respecto de las aves de las cuales se aprovecha. A este respecto, el naturalista británico Sir David Attenborough describe en su obra *La vida a prueba* cómo las hembras de cuco cogen con el pico un huevo del nido de otra especie (plantea que incluso se lo come), tras lo cual vuelve para depositar uno de los suyos.

El bonito, pero parásito, *Cuculus canorus* con su madre adoptiva
(*Troglodytes troglodytes*) [John Navajo / Shutterstock].

El hecho de que los padres «adoptivos» no se percaten del cambio, radica principalmente en que la pigmentación de ambos huevos es muy similar. Pero si esta imitación ya de por sí resulta llamativa, lo es aún más cuando se sabe que la coloración varía en función de la especie afectada. De esta manera, las hembras de cuco puede poner huevos de distinta coloración y patrón, para lograr que sus huevos sean confundidos con los originales, y cada una de ellas buscará especies con las que guarde más parecido.

C. *canorus* no solo mimetiza los huevos de los pájaros de los que se valen, ya que para lograr que los padres abandonen el nido, frecuentemente hacen uso del mimetismo vocal imitando la voz de depredadores como los gavilanes. Es más, el aspecto de su plumaje guarda parecido con el de algunos de esos depredadores, como el propio gavilán o el azor. Como estas especies suelen atacar de forma inesperada, y así lo hace también el cuco, los pequeños pájaros no tienen tiempo de distinguir al atacante. Sin embargo, curiosamente la estrategia del cuco no es seguida por otras especies parásitas, a pesar del coste que conlleva en pérdida de huevos al ser identificados como extraños por la especie de la que se pretenden aprovechar. Es lo que ocurre con el críalo (*Clamator glandarius*), cuyos huevos no presentan diferencias de coloración o de forma aunque cambie la especie hospedadora.

¿ANIMAL O PLANTA?

En los fásmidos (*Phasmidus* es una palabra latina que deriva del vocablo griego *phasma*, que significa aparición, espíritu o fantasma) se encuentran las especies de insectos de mayor tamaño, como *Phryganistria chinensis*, que alcanza 62,4 cm, o *Phobaeticus chani*, que mide 56,6 centímetros (en ambos casos de punta a punta considerando las patas y no solo el cuerpo). Aunque su sistemática es compleja, se conocen alrededor de 3100 especies pertenecientes a casi 500 géneros, y los estudios moleculares están permitiendo entender la filogenia de estos llamativos insectos, cuya clasificación ha sido a menudo confusa o desorganizada. De hecho, y a pesar de ser populares por confundirse con la vegetación, podemos incluso encontrar especies tan llamativas como las aposemáticas *Oreophoetes peruana* o *Peruphasma schultei*.

Los fásmidos están presentes tanto en el nuevo como en el viejo mundo, especialmente en zonas tropicales o subtropicales. Indudablemente populares, por ejemplo en Chile, son conocidos como «palotes» y tienen leyenda propia, ya que existe la creencia de que «pican el cerebro»; en España tenemos hasta un grupo musical llamado «Insecto palo», creado en 2004.

Gracias a la apariencia casi idéntica a hojas o ramas (estos últimos suponen menos de 40 especies, por lo que representan alrededor del 1 %) son capaces de pasar desapercibidos además por su capacidad de moverse de manera similar a como lo hacen estos elementos vegetales gracias a la brisa. El aspecto es tan sumamente similar a partes u órganos concretos de las plantas del entorno, que resulta casi imposible que sean vistos.

Normalmente se habla de camuflaje en estas ocasiones, pero cabe recordar que estamos considerando cómo un ser vivo imita a otro

El poco discreto fásmido *Oreophoetes peruana*. Este insecto palo sudamericano (Perú, Ecuador) despliega un audaz patrón negro y anaranjado para anunciar su toxicidad. Cuando se siente amenazado, secreta una sustancia irritante (quinolina) desde glándulas torácicas, capaz de ahuyentar a depredadores. Su coloración aposemática es un raro ejemplo en fásmidos, que suelen preferir el camuflaje [Guillermo Guerao Serra / Shutterstock].

para depredar o no ser depredado, aprovechando las características del imitado. Un depredador no cogerá una posible hoja y mucho menos una rama, si su intención es alimentarse de un animal. Un aspecto relevante es que la imitación puede darse en todas las etapas del ciclo biológico de estos insectos, desde los huevos que se asemejan a semillas que recolectan hormigas, hasta ninfas miméticas con hormigas o escorpiones y, por supuesto, a los adultos de los que ya se ha mencionado su morfología y estrategia.

Es lo que ocurre, por ejemplo, con el llamado insecto liquen o corteza (según la coloración que presente) *Extatosoma tiaratum*, cuyos huevos tienen una cubierta exterior principalmente lipídica que las hormigas identifican como alimento, llevándolos a su colonia donde se alimentan de la parte exterior comestible, y llevando el resto, intacto, a sus pilas de desechos. Las ninfas al nacer son mirmecomorfas, por lo que pueden vivir en un entorno bastante seguro hasta alcanzar un cierto tamaño y ser menos vulnerables.

Considerado prácticamente como un fósil viviente, en 2001 fue encontrada en un pequeño islote escarpado australiano llamado Pirámide de Ball una pequeña población de insectos palo de la especie *Dryococelus australis*. Desde 1920 se pensaba extinto, ya que había desaparecido de la isla de Howe donde vivía antes de su aparente extinción. No se sabe cómo llegó a su nueva localización, la cual se encuentra a 23 km, y este raro insecto palo no vuela.

Posiblemente viajó arrastrado en algún elemento flotante, ya que por su morfología, tamaño (unos 15 cm) y peso (puede alcanzar 25 gramos de peso) parece poco probable que se viera arrastrado por el viento. Al igual que otros componentes de la familia, puede reproducirse por partenogénesis, si bien en la población actual hay machos y hembras.

Por las características de la isla hay una vegetación más escasa que en la de Howe y ha cambiado sus hábitos alimenticios, pero estos curiosos insectos han sabido adaptarse al nuevo medio. Los juveniles son esbeltos y de un color verde brillante, por lo que pueden confundirse con ramitas tiernas, mientras que los adultos, mucho más gruesos y prácticamente negros, prefieren ocultarse bajo arbustos, pasando por ramas basales. Además de por sus características miméticas, este fásmido es importante desde una perspectiva ambiental ya que la extinción de su isla original (y que podría haber sido definitiva) fue debida a las ratas introducidas en Australia a través de los barcos que llegaban a las diferentes islas, lo que demuestra, una vez más, el papel del hombre en la conservación de la diversidad biológica.

Como resulta difícil elegir una sola especie al presentar diferencias dignas de ser tenidas en cuenta y admiradas, nos quedaremos con los principales géneros: *Extatosoma, Lonchode, Sipyloidea* o *Phyllium*, además de sus antepasados prehistóricos ya reconocidos.

Extatosoma es un género que incluye especies cuyos individuos muestran variabilidad debido a diferentes factores. *Extatosoma tiaratum*, es un insecto australiano que presenta un dimorfismo sexual similar al que se observa en otros fásmidos, siendo la hembra más grande, con alas demasiado reducidas para poder volar, y concretamente en esta especie con espinas repartidas por el cuerpo y las patas. El macho es más estilizado, con espinas apenas visibles en la mayoría de ejemplares, y con alas que les permiten volar en busca de hembras.

La coloración habitual es parda, aunque puede adquirir tonalidades de un marrón más oscuro o grisáceo, simulando la corteza de ciertas plantas, o incluso verdosas entremezcladas con grises en cuyo caso recuerdan de manera evidente a los líquenes. Parece que las variaciones pueden depender del entorno en el que se desarrollan, lo cual se ha observado en condiciones artificiales en terrarios, ya que es un insecto muy popular en este sentido.

Adulto de *Extatosoma tiaratum* [Sarah2 / Shutterstock].

Así, el aspecto de las ninfas, como se ha citado anteriormente, puede ser bastante diferentes al de los padres y sin embargo relacionado con las condiciones ambientales en las que viven. De esta manera se puede comprobar, una vez más, la influencia que puede tener el medio en el aspecto de los individuos, además de la estrecha línea que separa la imitación de la cripsis. De hecho, el mimetismo está presente en las primeras fases de las ninfas, que simulan ser hormigas con aposematismo (por los colores rojo y negro que exhiben), mientras que en los adultos prevalece el camuflaje tanto por el aspecto como por los movimientos lentos y rítmicos como el de las ramas movidas por el aire. Este género tiene otra especie, *E. popa*, que habita en Nueva Guinea y es bastante similar a la especie descrita.

Los géneros *Lonchode* y *Sipyloidea* son un buen ejemplo de insectos palo. Así podemos hablar de la especie *L. jejunus* que habita en Borneo, o de cualquiera de las casi cuarenta especies del género *Sipyloidea*, cuya distribución abarca desde diversos países asiáticos hasta Australasia. Pero además de su enorme parecido con finas ramas de plantas, algunas especies presentan una protección menos pasiva, como la producción de sustancias de defensa cuya composición incluye benzaldehído, limonero, ácido acético y éter dietílico, entre otras sustancias. Tal es el caso de *Sipyloidea sipylus*, considerado el insecto palo más extendido del mundo al localizarse en todo Asia tropical y partes del sudeste asiático.

En el extremo opuesto a esta morfología se encuentran los insectos hoja, como los pertenecientes al género *Phyllium* (lámina XXI), dentro el cual está el llamativo *P. giganteum*. Tanto el cuerpo, principalmente el abdomen, como las patas (los fémures) simulan perfectamente el aspecto de hojas, hasta el punto de mostrar manchas, irregularidades o «roturas» en el borde. Es más, las alas muestran un patrón de distribución de sus venas como el de las nervaduras de las hojas.

Este insecto asiático es el de mayor tamaño dentro de los insectos hoja, como bien puede intuirse por su nombre específico. El dimorfismo sexual hace que las hembras sean más grandes (unos 12 cm) que los machos (9 cm), los cuales son más esbeltos y con alas que les permiten volar, al contrario que las hembras, cuyas alas son vestigiales. La pasividad de estos insectos hace que en ocasiones sean los herbívoros quienes les provoquen daños, al confundirlos con las hojas de las plantas.

Phyllium giganteum [Simon Shim / Shutterstock].

Sin embargo, se ha descubierto que este género dispone de glándulas secretoras similares a las ya descritas, que permite expulsar un líquido repelente a modo de spray. Posiblemente resulte útil tanto en el caso de depredadores, como para herbívoros confundidos. Al igual que en otros fásmidos, los insectos hoja del género *Phyllium* muestran mirmecomorfismo en las primeras etapas de los estados ninfales, siendo muy activas. Esto ayuda a su dispersión, momento en el que localizan la planta de la cual se alimentarán, y modificando su coloración del rojo oscuro al verdoso. Comienza así transformación en individuos miméticos, lo cual se completa con movimientos lentos que ayudan a disimular los producidos durante la alimentación.

Llegados a este punto parece interesante hacer referencia al anecdotario histórico, si es que se le puede llamar así. Antonio Pigafetta fue un noble italiano conocido por ser el cronista de la expedición de Magallanes a las islas de las especias, viaje que concluyó Elcano tras completar la primera vuelta al mundo. Pigafetta fue uno de los 18 supervivientes de aquel viaje (aunque las fuentes varían un poco la cifra, parece que partieron entre 265 y 270 hombres), y su función era relatar todo cuanto iba sucediendo tanto dentro como fuera de los barcos, en especial al desembarcar en los territorios por los que pasaban.

Una vez en Borneo, en la isla de Cimbombon (bautizada así por el cronista) describió lo que no supo si era un animal o una planta. Según sus escritos, había árboles cuyas hojas se volvían móviles al caer, presentaban un peciolo corto y lo que parecían pies o patas, y que al partirlas no salía sangre. Mantuvo durante días uno en una caja, observando el movimiento cuando la abría, al tiempo que consideraba que se alimentaba de aire. No llegó a tener claro qué era lo que observaba, pero hoy sabemos que se trataba de un insecto hoja, de los muchos que se encuentran en esas islas.

Posiblemente fue la primera descripción hecha por un europeo, pero más de dos siglos después no habían cambiado mucho las cosas. En 1759 el naturalista Richard Bradley, miembro de la Royal Society, observó el comportamiento de insectos hoja explicando que se alimentaban del jugo de los árboles y que en otoño caían de estos junto con las hojas. Hasta aquí nada especialmente llamativo, salvo que continuó relatando que estos insectos se pegaban las hojas al cuerpo a modo de alas, y se alejaban andando.

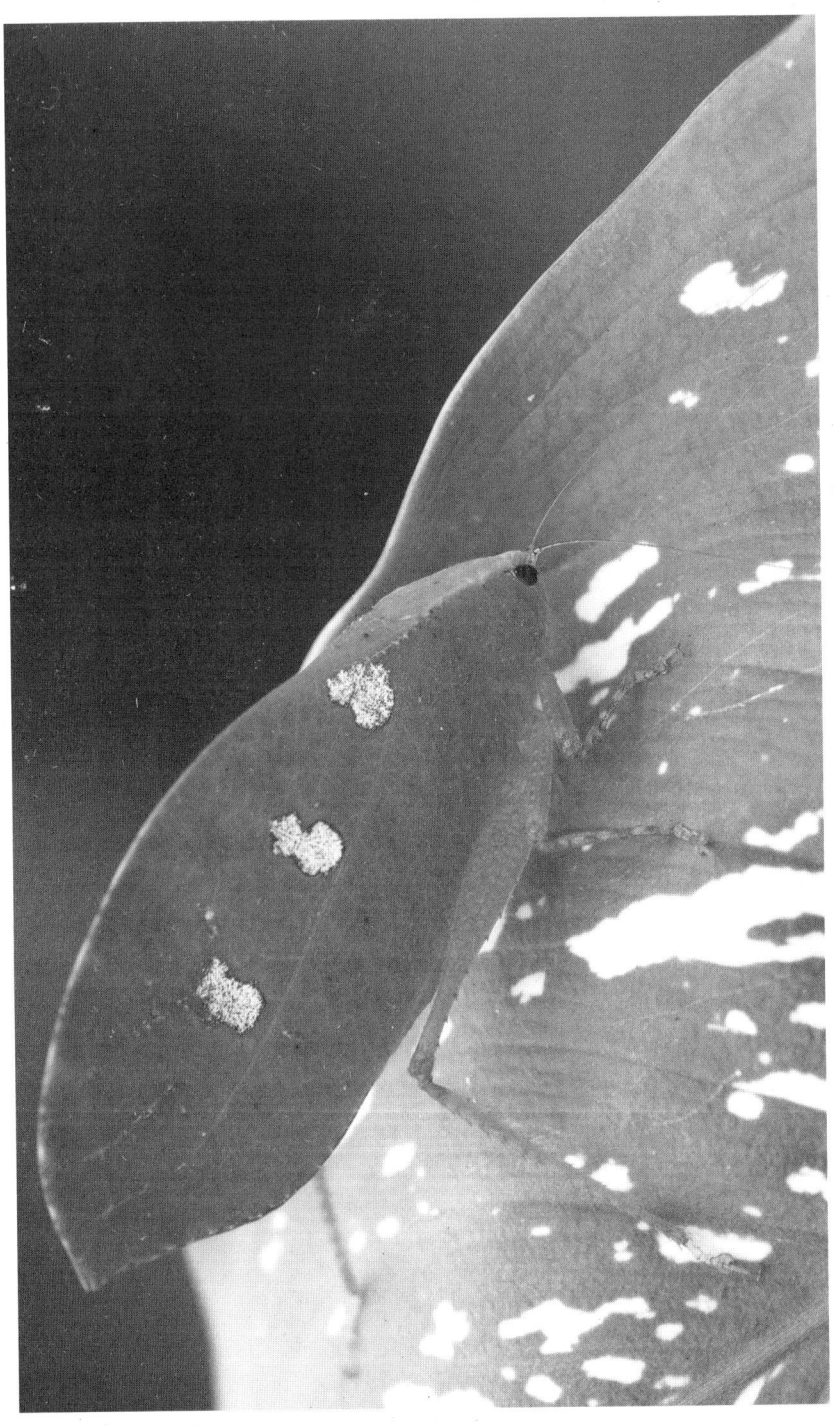

Un saltamontes hoja [Hagit Berkovich / Shutterstock].

Desde una perspectiva histórica también hay que hablar de un caso especial, aunque esta vez un poco más «acertado». *Phyllium regina* es una especie descubierta en 1896 en Indonesia. Posiblemente fue conservado por el insigne entomólogo Ignacio Bolívar hasta su identificación, en la Colección de Entomología del Museo Nacional de Ciencias Naturales de Madrid. Sin embargo, hubo de esperar más de un siglo hasta que fuera identificado como una nueva especie. Es el único ejemplar que se conoce, y no ha vuelto a ser recolectado. ¿Pocos ejemplares? ¿Simulación perfecta? Quién sabe.

De aspecto aparentemente similar a los insectos hoja pueden citarse algunos ortópteros. En el primer caso se trata de insectos aplanados dorsoventralmente, mientras que en el segundo lo son en el plano lateral. No obstante, en ambos grupos la imitación es prácticamente perfecta, encontrando por ejemplo los saltamontes *Typophyllum bolivari*, *Mimetica mortuifolia* o *M. viridifolia*, que imitan hojas parcialmente rotas o comidas.

Algo similar puede encontrarse en algunas especies de los llamados grillos de arbusto, que simulan imperfecciones de las hojas de las plantas en la que habitualmente se encuentran. Otro género que debe tenerse en cuenta por las interesantes especies que incluye, es *Dysonia*. Comprende especies miméticas con musgos, líquenes y cortezas de árboles. Sin entrar en detalles al respecto, cabe señalar el artículo de Cadena-Castañeda, quien considera en 2011 que el género *Dysonia* comprende un conjunto de especies suficientemente distintas morfológicamente entre sí como para realizar una revisión.

Así, él propone denominar complejo *Dysonia* a este grupo de especies que separa en tres géneros más, a saber: *Lichenomorphus* n. gen., *Lichenodentix* n. gen., y *Valna*. Sea como fuere, y a pesar de las diferencias que puedan dar lugar a la nueva clasificación taxonómica, los individuos adquieren un aspecto que realmente se integra entre los briófitos. Una vez más cabe plantearse en este caso, si podemos hablar de mimetismo o de camuflaje. Tal vez por imitar morfologías y colores de forma concreta, puede alejarse de la cripsis, en la cual no tiene que haber similitud, sino confusión con el entorno.

En el orden Mantodea también encontramos diferentes especies cuyo aspecto es verdaderamente similar al de ciertas partes de plantas. Una de las primeras referencias históricas de la mantis se lee en el antiguo diccionario chino llamado Erya, del 300 a. C., donde se habla de ellas como símbolos de coraje, intrepidez y carácter guerrero.

Posteriormente, aparecen de la mano de diversos autores, en poemas y obras filosóficas.

En Japón son consideradas con una doble visión: seres con gran valor o llenos de crueldad y sed de venganza. Igual pueden formar un tornado para salvar y defender una población, que pueden arrasarla si pierden el control. Los antiguos griegos las veían como seres con poderes sobrenaturales y con la capacidad de mostrar a los viajeros perdidos el camino de regreso a casa.

En el antiguo Egipto existía un ser (quizá una deidad menor) con forma de mantis que asistía en la función de guiar los muertos al otro mundo y con el poder de la necromancia. En el libro de los muertos las mantis son nombradas como «el pájaro mosca». Incluso se llegaron a momificar algunos ejemplares empleando telas de lino, lo cual refleja la importancia que daban a estos insectos.

La mitología indígena del sur de África se refiere a las mantis como deidades en los mitos tradicionales Khoi y San, siendo el término para denominar a las mantis en afrikáans «Hottentotsgod», es decir, «un dios de Khoi».

Hymenopus coronatus [Yoonspy / Shutterstock].

Algunas especies presentan un aspecto que puede recordar a fásmidos ya que se parecen a ramas o tallos (como *Empusa pennata, Heterochaeta orientalis* o *Schizocephala bicornis*), mientras que otras parecen flores (*Hymenopus coronatus* o *Pseudocreobotra wahlbergii*) (lámina xx) o incluso hojas (*Acanthops falcataria, Choeradodis rhombicollis* o *Deroplatys trigonodera*). En cualquiera de los casos, sirven para que las potenciales presas las confundan con partes de la planta y al aproximarse puedan ser depredadas.

Comparando fásmidos y mántidos se comprueba cómo un mismo mecanismo puede ser útil para objetivos contrarios. Los primeros buscan una defensa pasiva, mientras que los segundos aprovechan la confusión para poder alimentarse. Cuando una solución es útil en la naturaleza, es fácil que encontremos versiones de la misma, o aplicaciones dispares.

Respecto a la fase de crisálida de *Papilio glaucus*, que parezca una parte de una rama truncada es evidente que supone una ventaja frente a depredadores, pero también lo es frente a herbívoros, ya que pocos habrá con intención de elegir esta parte de la «planta» habiendo

Mantis musgo (Hania sp.) [Lauren Suryanata / Shutterstock].

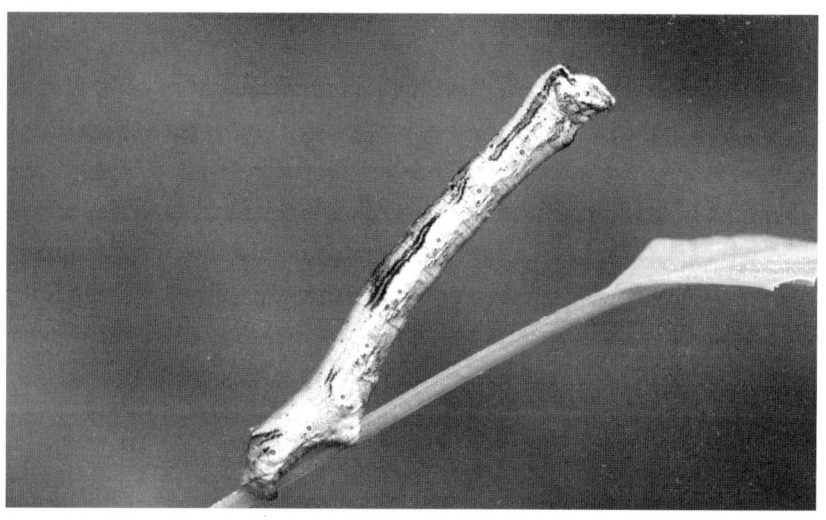

Oruga geométrida sobre planta [Yuangeng Zhang / Shutterstock].

hojas o brotes. Pero si aludimos al aspecto de rama truncada en relación a mariposas, no podemos dejar de lado a la familia Geometridae.

Todas las larvas de esta familia comparten dos características que las hacen particulares. Por un lado, la presencia de solo dos pares de propatas funcionales, unido a su aspecto largo y fino, hace que sean capaces de mantener una postura erecta en las ramas de las plantas, simulando ser una ramita corta de la misma. Su coloración e incluso ángulo de inclinación, hacen que sean prácticamente indistinguibles.

La otra peculiaridad, si bien no tiene que ver con el mimetismo, sí las caracteriza cuando están en movimiento. Así, su propio nombre alude al desplazamiento mediante bucles sucesivos, de manera que parece que estuvieran midiendo el lugar por el que pasan (de manera similar a como se mide «por palmos»). Se trata de una familia bastante numerosa y variada, que comprende miles de especies.

Resulta llamativo que todas ellas muestren el mismo comportamiento en su fase larvaria considerando, además, que son cosmopolitas. La genética que dio lugar a este aspecto y comportamiento se ha debido mantener desde su origen en el Terciario, dado que es rasgo común aún con ligeras modificaciones necesarias para una mejor adaptación, como las tonalidades verdosas, pardas o grises que pueden mostrar las orugas en función de la planta de la que se alimenten.

Los hemípteros representan un orden de aspecto variado y curioso en bastantes ocasiones. *Umbonia crassicornis* es una chinche cuyo aspecto simula las espinas del tallo de una planta, de manera que el mayor efecto es conseguido gracias al grupo de individuos que pueden localizarse en ciertas secciones de las plantas. Lo mismo sucede con otras especies del mismo género, como *U. spinosa*.

Ambas especies suponen uno de los ejemplos en los que el efecto de grupo es el que logra una imitación adecuada por el aspecto del conjunto. Ninguna planta presenta una sola espina, por lo que la presencia individual podría incluso resultar más llamativa a algunos depredadores al sobresalir de un tallo. La quietud y el número son quienes contribuyen a perfeccionar el engaño basado inicialmente en el aspecto espinoso del insecto.

Más allá de simular ser una planta como mecanismo de defensa, resulta necesario tratar sobre otros artrópodos que emplean las flores para cazar a especies polinizadoras o herbívoras. Dentro de los arácnidos, las arañas cangrejo (Thomisidae), fantasma (Anyphaenidae) y lince (Oxyopidae) son algunas de las familias que emplean las flores para cazar, siguiendo diferentes estrategias.

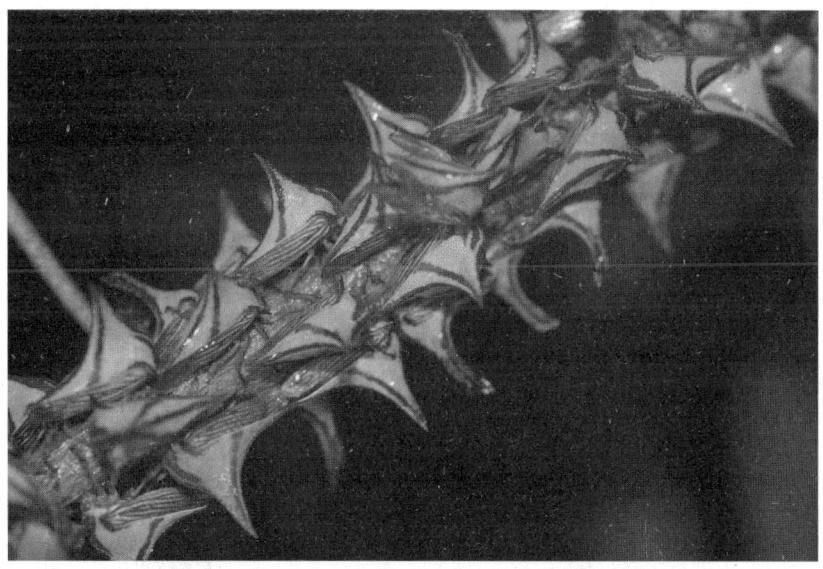

Decenas de ejemplares de *Umbonia crassicornis* a modo de espinas [Soflo Shots / Shutterstock].

Araña cangrejo al acecho [Kritsana Bua / Shutterstock].

Especialmente las primeras, tienen particular trascendencia por el tema que nos ocupa, ya que modifican su aspecto para mimetizarse con la flor donde se localiza. Sin embargo, en esta relación planta-araña existe una sutil línea que separa la cripsis del mimetismo. Esto es debido a que con frecuencia las arañas presentan coloraciones adecuadas a la flor (y en ocasiones otros órganos vegetales) sobre la que se localizan y esperan a que se aproximen las presas.

Dicho comportamiento, unido a que con frecuencia las propias arañas emplean los estambres o los pétalos, por ejemplo, para ocultarse, parecen sugerir que en gran parte de los casos existe una coloración críptica pero no un verdadero caso de mimetismo. Respecto a la planta, puede verse afectada de dos formas diametralmente opuestas. Si las presas de la araña son preferentemente polinizadores, se verá perjudicada al no favorecerse la fecundación y/o la transmisión del polen hacia otras flores; mientras, si las presas son mayoritariamente herbívoras, el vegetal se verá favorecida al ser eliminados un número más o menos importante de enemigos.

También en los vertebrados encontramos ejemplos de animales que parecen plantas. Resultan de interés las ranas musgo, conocidas precisamente porque su aspecto general recuerda a un disfraz de musgo que llevaran encima. *Theloderma corticale* puede localizarse en zonas tropicales y subtropicales de Asia y, aunque se encuentra de nuevo en la fina línea entre el camuflaje y el mimetismo, el grandísimo parecido con las especies de su entorno, tanto acuático como terrestre, hace que no sea descabellado incluirla aquí (láminas XL y XLI).

A pesar de que la coloración y las prolongaciones hacen que pueda confundirse perfectamente con una roca con musgo y liquen, la destrucción de su hábitat hace que se encuentre en verdadero peligro de desaparición. Esto debe hacernos reflexionar sobre nuestro papel en la naturaleza. Especies (porque *Theloderma corticale* no es, lamentablemente, la única de la que podemos hablar) perfectamente adaptadas para esquivar a sus depredadores más directos, son sistemáticamente aniquiladas por un enemigo, nosotros, que ni siquiera se interesa por los innumerables seres vivos que elimina por ampliar zonas de cultivo, adecuar zonas para la construcción o simplemente porque no tiene el mínimo cuidado que evitaría contaminar o quemar el hábitat donde viven miles de especies.

Rana musgo *Theloderma corticale* [Lauren Suryanata / Shutterstock].

Ni en estos casos ni en cualquier otro en el que podríamos pensar, tienen ninguna importancia los pasos que se han dado en la evolución hasta lograr que la imitación o el camuflaje sean prácticamente perfectos para sobrevivir. El hombre a menudo vive, vivimos, como si estuviéramos al margen de la naturaleza. Y si se piensa que es poco probable que el hecho de que desaparezca una rana musgo tenga consecuencias para nosotros, la pregunta que surge es si alguien cree realmente que el daño ambiental que provocamos discierne entre lo que nos afectará y lo que no. Las consecuencias de la pérdida de hábitats va más allá de que una especie o miles desaparezcan. El equilibrio en los ecosistemas es imprescindible hasta para quienes nos creemos fuera de ellos. Son sistemas con conexiones y relaciones que muchas veces desconocemos; todo está conectado, todo, y nosotros formamos parte del medio.

Pero volviendo a nuestro asunto más concreto, otros anfibios dignos de mención que podemos encontrar son los llamados «sapos hoja». Esta denominación general incluye diferentes especies, como la conocida *Rhinella margaritifera* o la recientemente descubierta *Rhinella yunga*. La primera especie vive en la mayor parte de la cuenca del río Amazonas, y ha sido también localizada en Panamá. Es muy probable que los estudios demuestren que se trata de especies distintas aunque semejantes, tal como ocurrió con la segunda especie citada, que fue localizada en Perú.

En ambos casos, el color es variable aunque siempre recuerda el aspecto de hojas caídas con una coloración dentro de la gama del pardo. Estos pequeños sapos a menudo no son visibles entre los restos de hojarasca, salvo en el momento en que se mueven. Otras especies similares son la rana hoja malaya *Megophrys nasuta* (lámina v) o el sapo endémico de Sumatra *Megophrys parallela*.

De aspecto muy similar encontramos los geckos cola de hoja. El género *Uroplatus* tiene especies cuyo aspecto es muy similar a hojas secas, en particular la cola. *U. phantasticus*, originario de Madagascar, es posiblemente el más representativo e incluso presenta muescas que asemejan hojas secas rotas, para resultar más «creíble». El aspecto además se acompaña de un comportamiento encaminado a disimular el cuerpo, aplanándolo contra la superficie del suelo para reducir la sombra.

No podemos olvidar el medio acuático, donde encontramos peces como la especie *Novaculichthys taeniourus*, que muestra una diferencia en la apariencia entre los adultos y los juveniles. Estos últimos se parecen a una parte suelta de un alga; además nadan en una posición vertical con su cabeza apuntando hacia abajo comportándose de tal manera que imita perfectamente el movimiento de un pedazo de un alga mecida por la corriente.

Similar es el caso de muchas especies de los conocidos de manera general como caballitos de mar. De una u otra manera, su aspecto evoca el medio donde viven, como el paso del caballito de mar pigmeo que, además de ser el más pequeño de todas las especies conocidas, es exactamente igual en color y forma al coral donde habita.

Pero como este capítulo hace referencia al parecido entre los animales y las plantas, es mejor detenerse en otras especies cuya aspecto imita al de las algas de su entorno, como los conocidos como «dragones de mar». En realidad esta denominación comprende dos grandes especies, *Phycodurus eques* y *Phyllopteryx taeniolatus*, que pueden alcanzar e incluso superar los 40 cm de longitud. A pesar de su gran tamaño, las prolongaciones del cuerpo presentan el color, el aspecto general y el movimiento de las algas, donde se sitúan para no ser vistos. Su coloración varía, no solo entre los individuos, sino en función de las condiciones del medio e incluso parece que según su estado de ánimo. Estos peces australianos no pueden sujetarse con la cola como otros congéneres, por lo que prefieren aguas calmadas para pasar inadvertidos y no quedar a merced del oleaje o de corrientes fuertes.

Hyppocampus denise sobre gorgonia [Oltre Lo Specchio / Shutterstock].

¿Hormiga? No, es el ortóptero *Macroxiphus sumatranus* [David Havel / Shutterstock].

OTROS CASOS DE
MIMETISMO ANIMAL

LA VARIACIÓN COMO EXPRESIÓN DE LA RIQUEZA

Los insectos alcanzaron hace aproximadamente unos 300 millones de años lo que podría considerarse el momento de máximo esplendor gracias a la gran diversidad alcanzada por radiación adaptativa. Así pues, la enorme variedad de fenotipos que pueden encontrarse, suponen una prueba más que evidente del proceso evolutivo. Precisamente este hecho es el que hace que sean objeto de estudio habitual en cuestiones tan variadas como ambientales o genéticas, por poner algún ejemplo. Resulta fácil de ver por qué son interesantes para nuestro objeto de estudio. La gran diversidad proporciona múltiples ejemplos de especies imitadoras, de manera que su conocimiento en el medio natural y los estudios sobre su genética, pueden aportar datos muy importantes sobre este particular fenómeno natural.

En diversos momentos, y bajo diferentes perspectivas, hemos visto diferentes casos de mirmecomorfismo por parte de insectos muy diferentes entre sí y, en principio, respecto de las hormigas. Sin embargo existen muchas más especies imitadoras, lo cual, posiblemente, tenga que ver con la antigüedad de estos pequeños insectos sociales, además de por su éxito evolutivo.

Este mimetismo en ocasiones se da en los estados ninfales pero no en el adulto, como ocurre con el ortóptero tetigónido *Macroxiphus sumatranus* (*Locusta sumatranus*), con un aspecto y comportamiento muy similar al de una hormiga, y con el extremo de las antenas blanquecino para disimular la longitud de las mismas; en cambio, en especies como la llamada chinche hormiga (*Myrmecoris gracilis*) el

Pequeña *Sepsisoma flavescens* intentando parecer una hormiga [Mee Chai / Shutterstock].

parecido se da tanto en los estados juveniles como en el adulto, hasta el punto de que es muy difícil de reconocer, salvo prestando atención al aparato bucal picador.

Dentro de los mimetas en el estadío adulto, podemos encontrar, entre otros ejemplos, los tisanópteros del género *Franklinothrips*; una vez más, el aspecto se une a unos movimientos similares a los de los himenópteros imitados, aunque las distintas especies presentan particularidades. También entre los dípteros se conoce el fenómeno del mirmecomorfismo, como en especies de los géneros neotropicales *Sepsisoma* (imitadoras de hormigas del género *Camponotus*) o *Syringogaster*, el cual cuenta con especies imitadoras actuales y también fósiles, como las miocénicas encontradas en ámbar de la República Dominicana. También entre los coleópteros se hallan especies mimetas, como *Ecitomorpha nevermanni*.

Hacia el sur, desde Méjico a Argentina, pueden hallarse mariposas del género *Consul*. Dentro de las diferentes especies que comprende, puede encontrarse *C. panariste*, imitadora de especies de los taxones Heliconiinae e Ithomiinae. Pero hay algo realmente curioso, y es lo que ocurre en Colombia. En el departamento de Caldas los machos son imitadores de *Heliconius erato chestertonii*, mientras que la hembra lo es de *Tithorea tarricina parola*.

Sin embargo, en los Farallones de Cali (también en Colombia aunque bastante más al sur) la hembra sigue imitando la misma especie, mientras que los machos se asemejan a *Heliconius cydno weymeri* bajo la forma *gustavi*. Más aún, hacia el noroeste del país las especies modelo son *H. hecalesia* y *Neruda godmani* para el macho, y *T. tarricina hecalesina* para la hembra, y en la vertiente este de la Cordillera Oriental la especie imitada se desconoce en el caso del macho al no haber encontrado un patrón similar en especies tóxicas de forma evidente (algunos autores consideran que podría ser *H. melpomene* o *H. erato*), y en las hembras se trata de *T. tarricina tarricina*.

Además de por mariposas, tal como hemos visto, las abejas y avispas pueden ser imitadas por otros taxones de insectos. Entre las 2500 especies de mantis que se conocen, existe un caso excepcional. Es el caso de la recién descubierta mantis *Vespamantoida wherleyi*. Localizada en la amazonia peruana, su aspecto recuerda al de una avispa por su coloración aposemática roja anaranjada con manchas negras, además de por su cintura estrecha («cintura de avispa»), la locomoción errática y el movimiento de las antenas.

Este azaroso descubrimiento ha sido de gran interés por varios motivos. El principal es porque dentro de los mántidos es relativamente frecuente encontrar ninfas miméticas de otros grupos de insectos, pero no así en los adultos, que tienden a confundirse por imitación o por cripsis con los vegetales del entorno. Pero además, ha supuesto un nuevo género, por lo que la especie que anteriormente se había identificado como *Mantoida toulgoeti,* actualmente pase a llamarse *Vespamantoida toulgoeti.* Ambas especies presentan sinapomorfía en las patas delanteras.

Dentro de los dípteros, las familias Syrphidae y Bombyliidae llegan a adquirir un aspecto increíblemente parecido al de sus modelos. Pero antes de continuar con los aspectos más puramente biológicos, es necesario hacer una parada en un libro que llegó a convertirse en un súper ventas. ¿Y por qué en este punto? Porque *El arte de coleccionar moscas* ha vendido, sólo en Suecia, más de 30 000 ejemplares. Contra todo pronóstico, un ensayo sobre sírfidos se ha convertido en el libro de cabecera de miles de personas. En España se tradujo en 2009, aunque la nueva edición hecha en 2023 resulta mucho mejor.

Centrando de nuevo nuestra atención en el aspecto de la imitación, tanto los sírfidos como los bombílidos no pueden obviarse. Desde especies de muy pequeño tamaño como *Syritta pipiens* (lámina xxxv), hasta el gran *Milesia cabroniformis* o las llamadas moscas abejorro (*Bombylius major* o *B. cruciatus,* entre otras). Todas las especies son inofensivas y buscan imitar el aspecto, y a veces conducta, de himenópteros como abejas o avispas para eludir a sus potenciales depredadores, como *Milesia undulata* que imita a *Vespa crabro.*

Las diferencias en el número de alas (dos en dípteros y cuatro en himenópteros), el tipo de antenas, la morfología de los ojos o de la cabeza en general, no suponen en modo alguno un problema. Hay que pensar que se trata de insectos voladores, de modo que resulta difícil de apreciar sutiles diferencias en vuelo por parte de sus enemigos. Las consecuencias de atacar a un insecto con aguijón y veneno, son suficientes como para que no se corra el riesgo y se busque otra presa.

Con más de 5000 especies descritas en cada una de las familias, el aspecto general de los sírfidos es más similar al de avispas y avispones, mientras que el aspecto rechoncho y peludo de los bombílidos hace que su parecido sea evidente respecto de las abejas y abejorros. También muestran diferencias en el vuelo, siendo estos últimos más rápidos y resultando llamativo en muchas especie de sírfidos el hecho de ser capaces de mantenerse en vuelo suspendido.

En ambos casos, los adultos generalmente se alimentan de néctar y polen, llegando a ser polinizadores fundamentales en muchos lugares del mundo. Respecto a las larvas, mayoritariamente son depredadoras o parasitoides de otros insectos, por lo que tienen mucho valor como agentes biológicos en la lucha contra plagas. Concerniente a los sírfidos, fueron escogidos para el estudio del impacto del cambio climático sobre el mimetismo realizado con los fondos europeos ECOEVOMIMIC.

Al ser estos insectos, al igual que los grupos modelo, polinizadores, la investigación pretende estudiar las respuestas ecológicas frente al cambio climático, así como las respuestas evolutivas que se den. En una primera fase, se demostró que los sírfidos modifican de forma activa su fenología; en la segunda, el estudio se centra en cómo afectan estos cambios a la capacidad de aprendizaje de los depredadores. Se hace patente el papel de estos insectos tanto a nivel ecológico como su utilización para la protección del medio ambiente.

Considerando los dípteros de forma más global, no debe caer en el olvido la pequeña mosca de la fruta *Ceratitis capitata*. En esta especie, al igual que sucede con otras similares, los patrones de coloración resultan imprescindibles desde diversas perspectivas. Por un lado se encuentra el reconocimiento entre individuos, con especial interés en la selección sexual y en el cortejo derivado de la misma.

No obstante, dichos patrones son fundamentales no solo para la supervivencia de la especie, sino la del propio individuo al jugar un papel fundamental en el disfraz que proporcionan a estos pequeños insectos. Así, frente a arañas saltícidas muestran un patrón alar que parecen las patas de estas arañas, especialmente cuando aletean. Añadido a esto, en el tórax se localizan unas pequeñas protuberancias rodeadas de unas coloraciones que asemejan los ojos de las arañas. Ambas coloraciones, además de los movimientos alares y en vista posterior, resultan suficiente como para que los ataques de estos arácnidos, u otros depredadores, se vea notablemente reducido. Considerando los problemas que ocasiona en la agricultura en numerosas ocasiones, se puede entender la importancia de dicha característica.

Otro caso algo menos «simple» (si es que el mimetismo puede ser así considerado alguna vez) es el complejo mimético formado por el formícido *Camponotus punctulatus* (especie modelo), los adultos de *Haarupia spinosa* y los juveniles de otra especie no identificada (ambos hemípteros de la familia Miridae), y la avispa de la familia Drynidae, *Gonatopus fritzi*. La hormiga es conocida en Argentina por la construcción de sus nidos, llamados tacurúes, que con frecuencia sobrepasan el metro y medio de altura, e incluso llegan a los dos metros. Su consistente construcción hace que se hayan localizado algunos incluso más de veinte años después de haber sido abandonados. La enorme cantidad de estos nidos surgidos en algunas regiones en los últimos años hace que se realicen estudios para averiguar el por qué de esta abundancia, ya que llega a suponer un problema para los agricultores al necesitar de maquinaria especial para eliminarlos, dada la gran dureza que presentan, unido a su altura y número. Parece que en el caso de los hemípteros, la ventaja estaría relacionada con su propia defensa frente a depredadores (mimetismo batesiano), mientras que en el caso de *G. fritzi* podría tratarse de mimetismo agresivo, ya que sus larvas parasitan las ninfas de los Fulgoroidea a los que cuida *C. punctulatus*.

Existen dos especies distintas dentro de la familia de los pentatómidos (Hemiptera) cuyos miembros guardan una relación mimética entre sí. Dentro del género *Acledra* se encuentra una especie endémica de Chile (regiones Metropolitana y del Bío Bío), que difiere enormemente de las demás tanto en la coloración como en su morfología. Las peculiaridades de *Acledra haematopa* (subfamilia Pentatominae) son tales que llevaron a proponer para esta especie un nuevo subgénero, *Neoacledra*.

Dichas singularidades se relacionan estrechamente con el enorme parecido que guarda con *Parajalla sanguineosignata* (subfamilia Asopinae), cuya distribución coincide con *A. haematopa* aunque resulta mucho más amplia (se ha localizado desde las regiones de Coquimbo a Magallanes). De hecho, la semejanza es tan grande que en la obra en que fueron descritas se dieron confusiones de rotulación de las figuras de ambas especies y no fue hasta 2010 cuando se logró aclarar la confusión.

Una vez más cabe preguntarse cuál es modelo y cuál el imitador, lo cual puede dilucidarse fácilmente al considerar las costumbres alimenticias de una y otra especie. *P. sanguineosignata* es una especie depredadora, mientras que *A. haematopa*, al igual que el resto del género, es fitófaga. Parece claro que esta última es la imitadora ya que obtiene un doble beneficio con el engaño: de un lado, como presunto depredador puede ahuyentar otros competidores fitófagos; y de otro, es más probable que otros depredadores seleccionen otra presa.

Oruga perfectamente «fusionada» con una hoja [Asri Ana / Shutterstock].

Ctenophora flaveolata [Tasnenad / Shutterstock].

La mosca imitadora, *Syritta pipiens* [Wirestock Creators / Shutterstock].

Deilephila porcellus [Fotosav / Shutterstock].

Ranitomeya imitator [Dirk Ercken / Shutterstock].

Rana musgo *Theloderma corticale* [Lauren Suryanata / Shutterstock].

La pequeña gamba *Periclimenes aegylios* apenas se ve debido a su transparencia [Gerald Robert Fischer / Shutterstock].

Insecto liquen de Costa Rica [Marco Lissoni / Shutterstock].

La célebre orquídea *Ophrys insectifera*, bautizada por Linneo [Serge Goujon / Shutterstock].

La orquídea *Epidendrum ibaguense* no simula ser un insecto, imita las flores de *Asclepias curassavica* para que ciertas mariposas polinicen [Naylya Kurmykova / Shutterstock].

La enorme *Rafflesia arnoldii* imita el olor de la carne podrida
para atraer a insectos [Bilkhar / Shutterstock].

Lithops entre piedrecitas del suelo, donde parecen una más. Estas pequeñas plantas son típicas de África meridional [Lebedinski Vladislav / Shutterstock].

Una de las múltiples formas y colores que presenta la flor de la pasión (*Passiflora* sp.) [Chris Melville / Shutterstock].

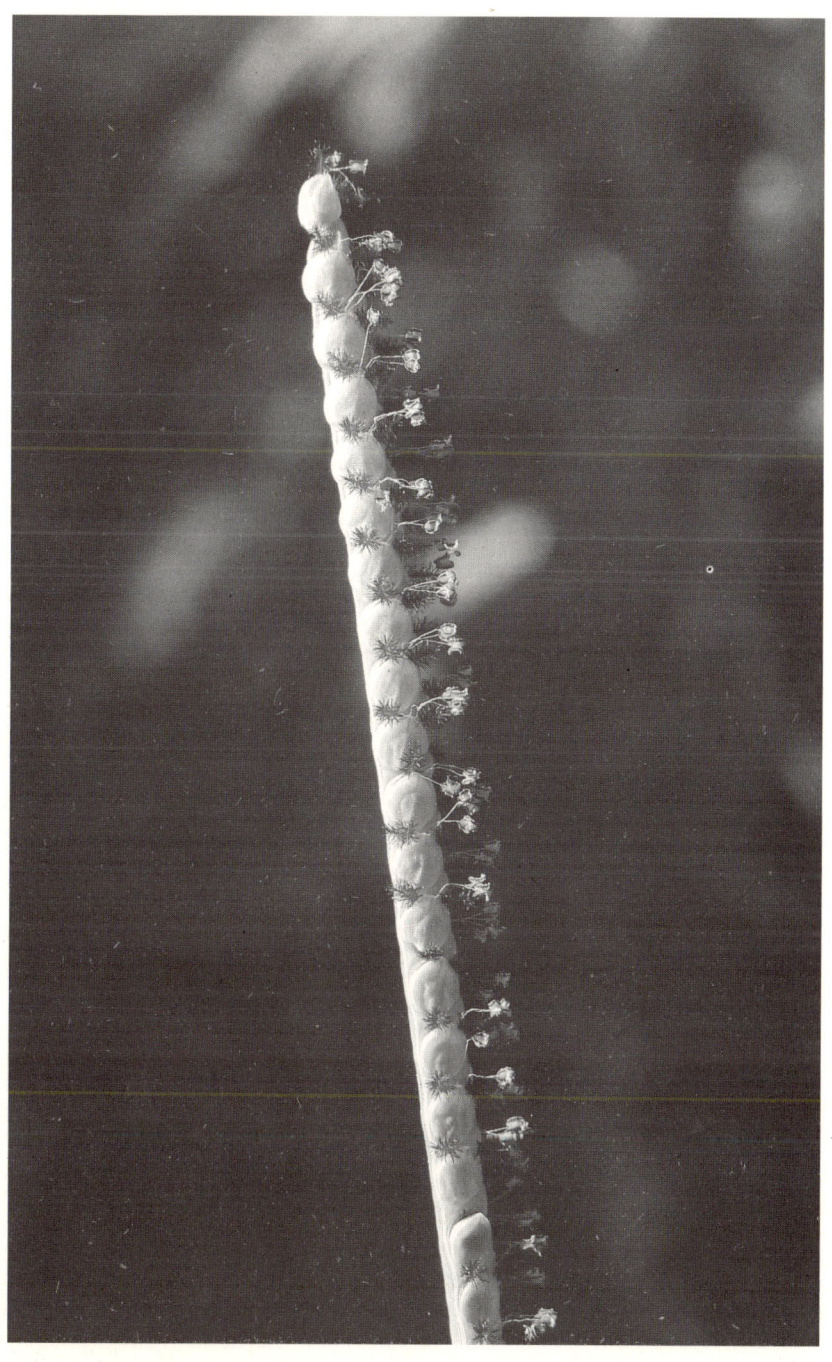

Paspalum paspaloides parece estar llena de pulgones [Hank Asia / Shutterstock].

Bonito ejemplar de *Cathedra serrata* mostrando los
ocelos [The Jungle Explorer / Shutterstock].

LOS OCELOS

A modo de trampantojo, tal como los pintores clásicos hacían, y más actualmente algunos reposteros que hacen tartas con aspecto irreconocible, ciertos animales muestran formas o diseños que engañan a sus depredadores. *Cathedra serrata* es un hemíptero que conjuga el camuflaje con la presencia de unos ocelos que muestra cuando se ve descubierta, y que simulan los ojos de un animal de mayor tamaño. De esta manera, el enemigo habitualmente se aleja.

En especies de mántidos como *Creobroter meleagris*, la presencia de ocelos en la parte posterior dorsal sirve al individuo para similar los ojos de un individuo y así asustar a sus posibles depredadores. En mariposas la presencia de ocelos parece que surgió hace unos 90 millones de años en la familia Nymphalidae. Desde entonces, por convergencia evolutiva han ido apareciendo en otras familias (lámina VII).

La utilidad es doble en función de la localización y el tamaño, ya que sirven para intimidar a posibles depredadores, o para desviar el ataque a zonas menos delicadas del individuo, como el extremo final de las alas posteriores. En las formas juveniles también son frecuentes este tipo de manchas (lámina VI). Por ejemplo la oruga de *Papilio glaucus* presenta en el tórax unos «ojos» que le proporcionan el aspecto de una serpiente; posteriormente continúa la defensa mediante la imitación, ya que la pupa se asemeja a una ramita rota.

Pero retomando la fase larvaria, la utilidad de unos ocelos resulta obvia ya que la imitación de un depredador peligroso como un ofidio, puede suponer que un ave no se arriesgue a atacar. Cierto es que, como ocurre con otras especies que tienen este tipo de imitación, resulta sorprendente desde la perspectiva humana que una pequeña oruga (alcanza unos 5 cm) pueda resultar amenazante para un ave de mayor tamano. Sin embargo, hay que tener en cuenta dos posibles factores; uno de ellos es el propio instinto de protección de las posibles presas, y por otro lado, que las crías de las serpientes recién salidas de los huevos son capaces de conseguir presas muy rápidamente a pesar de alcanzar un tamaño pequeño.

Otras especies de mariposas o polillas emplean el automimetismo para protegerse, como ocurre con la oruga de *Danaus plexippus*, cuya parte anterior y posterior resultan tan similares que es difícil diferenciar cuál es la cabeza.

Pero si la imitación entre grupos de insectos diferentes es llamativa, no lo es menos el encontrar insectos que imitan a vertebrados. Más allá de la mera presencia de ocelos, las orugas de la familia Sphingidae (llamadas «orugas víbora») suelen pasar inadvertidas; sin embargo, frente a una amenaza, su aspecto se torna muy diferente. Se descuelgan cabeza abajo dilatando la parte anterior del cuerpo, donde presentan una coloración que asemeja los ojos, escamas y orificios nasales de una víbora.

La oruga de *Hemeroplanes triptolemus* imita perfectamente la cabeza de una serpiente cuando se ve en peligro. La coloración, morfología (no solo general, también llega a presentar una especie de «colmillos» y «lengua») e incluso los movimientos que realiza, hace que esta oruga costarricense se parezca tanto a este tipo de reptil que sus depredadores suelen huir. No obstante, la imitación de esta especie no es única ya que *Leucorhampha ornata*, *Panacra mydon* o *Polux labruscae* son especies cuyas orugas también pretenden una apariencia de este tipo de reptiles mediante su aspecto y su comportamiento.

EL MIMETISMO EN LOS VERTEBRADOS

Dentro de los vertebrados se conocen escasas especies que imiten a invertebrados. Anteriormente se ha descrito *Laniocera hypopyrra*, como ejemplo no solo de parecido físico sino también comportamental, al tratarse de un ave que se mueve tal como lo haría una oruga velluda. Otra situación similar es la de los juveniles del lagarto del sur de África *Heliobolus lugubris*. Presenta un patrón de coloración corporal que se asemeja enormemente al de escarabajos carábidos de los *Anthia* y *Thermophilum*, en general poco depredados por las mandíbulas y el comportamiento agresivo que muestran, llegando incluso a expulsar líquido corrosivo a los potenciales enemigos.

El dorso de la lagartija es aposemático, siendo el patrón negro con manchas blancas, lo cual resulta especialmente visible; en cambio la cola muestra unos tonos variables en función del terreno donde habite, para pasar inadvertida. Los movimientos típicos de este grupo de escarabajos tanto en la locomoción como en el arqueamiento del cuerpo al elevar las patas sobre el sustrato, también son imitados. Los adultos, de mayor tamaño, ya no muestran estas características.

Lagarto africano *Heliobolus lugubris* [Fotografie-Kuhlmann / Shutterstock].

En 1919, Koslowsky describió lo que ocurría con el *Glaucidium nanum* como un «raro caso de mimetismo». Este pequeño mochuelo presenta en la parte posterior de la cabeza, en el occipital, un dibujo que representa la cara de una lechuza de los géneros *Strix* o *Asio* cuando eriza las plumas. Al parecer esta peculiaridad pasó inadvertida ya que solo se produce la imitación al erizar el plumaje, y por tanto es difícil que coincida el hecho con el momento preciso de la observación.

El autor lo descubrió gracias a que años antes, en 1893, pudo comprar un ejemplar vivo en Brasil y observarlo casualmente en su casa tratándose, posiblemente, de uno de los primeros casos descritos en aves. La imitación podría tener un doble uso, ya que por un lado podría servir para espantar otras aves de mayor tamaño que pudieran atacarle, y por otro para cazar otras pequeñas aves que se aproximan para intentar alejarlo creyendo que es un Strigiforme. Dentro de este género, puede hablarse de otras especies que presentan en la parte posterior de la cabeza dos grandes manchas oscuras que simulan ser unos ocelos u ojos, despistando así a otros individuos, como es el caso de *G. californicum*, por ejemplo.

En 1976 Eaton documentó un posible caso de mimetismo en África, que nada tiene que ver con los ejemplos anteriores. Según el autor, las

Cría de guepardo (*Acinonyx jubatus*) [Maggy Meyer / Shutterstock].

crías de guepardo (*Acinonyx jubatus*) guardan un parecido más que razonable durante sus primeras etapas con el tejón melero o ratel (*Mellivora capensis*). El largo pelaje blanquecino que crece sobre el dorso de las crías contrasta con las zonas dorsales que presentan las manchas oscuras características de la especie.

A una distancia suficiente, dichas manchas no se distinguen como tal, por lo que el aspecto general es una zona superior clara con flancos oscuros. Ese patrón es el que presenta el ratel. Este mustélido es conocido por su gran agresividad y ferocidad, de manera que a menudo se han documentado casos de enfrentamientos de estos animales de tamaño medio con otros depredadores mucho mayores. Esta podría ser la razón, según apunta el autor, de que las indefensas crías de *A. jubatus* presenten un aspecto muy similar en la distancia.

Los posibles atacantes no se acercarán en caso de duda, para evitar la lucha con *M. capensis*. Cierto es que para que la imitación sea válida, los potenciales depredadores deben basarse en la vista para la detección y permanecer a una distancia suficiente como para no descubrir el engaño. En cualquier caso, esta situación se mantiene exclusivamente hasta que el cachorro alcanza un tamaño superior al del ratel, cambiando su pelaje y adquiriendo el que se caracterizará de adulto.

Ejemplar de *Mellivora capensis* [Francesco de Marco / Shutterstock].

Ranitomeya imitator [Frank Cornelissen / Shutterstock].

En los anuros, es imposible hablar de mimetismo y no pensar en la familia Dendrobatidae, que presenta 184 especies endémicas neo-tropicales. Sin embargo resulta curioso que ni Bates ni Müller se fijaron en estas pequeñas ranas de la selva cuando realizaron sus viajes, y si lo hicieron no fue bajo la misma perspectiva que las mariposas a las que dedicaron gran parte de sus estudios.

Las llamadas ranas punta de flecha, se caracterizan entre otros aspectos por sus llamativos colores, y aunque pueden citarse cualquiera de los géneros, es de destacar el género *Ranitomeya* que presenta un caso de mimetismo de tipo mülleriano muy particular. La *Ranitomeya imitator* es capaz de imitar a otras especies de su mismo género, dentro de un área relativamente reducida (Láminas XXXVIII y XXXIX).

Lo interesante es que, al igual que ocurre con los géneros de mariposas estudiados por Bates que solo se reproducían entre sí cuando presentan el mismo patrón, estas pequeñas ranitas imitadoras mantienen ese comportamiento reproductor. Así, las formas rayadas tienden a reproducirse con las rayadas, y las moteadas o manchadas con las de aspecto similar logrando así una mayor pureza de las formas miméticas al evitar híbridos que resultarían menos adecuados para su fin.

Sería interesante estudiar si este hecho guarda relación con lo que ocurre en mariposas del género *Papilio*, cuyo patrón de coloración depende del gen *dsx*, que en ciertos individuos mimetas se ha descubierto que presenta una inversión cromosómica, de manera que los individuos híbridos presentan problemas de fertilidad. Así, como ya se ha explicado anteriormente, la imitación se ve favorecida al no producirse una «contaminación» con individuos no miméticos. Es posible que en los anuros citados pudiera existir una razón genética que explicara por qué no se dan individuos híbridos. Además, al margen del patrón de coloración, *R. imitator* también presenta diferentes tamaños en cuanto a corpulencia, y ha sido capaz de modificar las llamadas (duración y tono) según la región en la que viva.

MIMETISMO VEGETAL Y FÚNGICO

VEGETALES

Seguramente cualquiera de nosotros ha conocido en su etapa juvenil, a alguien que fingió estar enfermo para no ir a clase o salir antes. Algunos incluso continúan utilizando esta estrategia de vez en cuando en el trabajo. Lamento decir que las plantas llevan haciendo esto desde mucho antes de que el hombre, fuera hombre. Diferentes especies presentan hojas con manchas sin clorofila o incluso con peor aspecto, simplemente para que los herbívoros no se sientan atraídos y prefieran «degustar» otras plantas con mejor aspecto. Nadie quiere comer algo que no esté en buen estado. Pero en los vegetales, hay muchas más sorpresas.

A pesar de que las primeras descripciones de mimetismo en plantas datan de mediados del siglo XIX (no nos olvidemos de las siempre fascinantes orquídeas), en 1902 el botánico Friedich H. G. Hildebrand (1835-1915) puso en duda la existencia de la imitación por parte de las plantas. Afortunadamente no supuso un condicionante para otros biólogos, que con el tiempo han llegado a profundizar en este campo encontrado imitaciones realmente asombrosas.

Debido a que los botánicos tradicionalmente han realizado estudios descriptivos o relacionados con la fisiología o el papel de las plantas en el medio, las especies de vegetales miméticos han recibido menor atención, salvo excepciones como las orquídeas. Éstas, a pesar de su ubicuidad, son conocidas de manera más extensa en sus formas tropicales, habiendo numerosos estudios sobre ellas desde que el naturalista C. K. Sprengel realizara observaciones ya en 1793.

Pero volviendo a las ideas generales sobre el mimetismo vegetal, una posible razón del por qué los estudios botánicos sobre mimetismo son, con diferencia, muchos menos frecuentes que los que pueden encontrarse sobre animales es la mayor dificultad del análisis sistemático de los vegetales, lo que se une a lo disperso de la bibliografía sobre el tema. Por las propias características de estos organismos, la clasificación de las diferentes formas de mimetismo que tienen lugar en la naturaleza no puede realizarse de una forma equivalente a la de los animales.

Una posible causa de por qué las imitaciones vegetales son menos frecuentes que las animales es porque al ser sedentarias, los herbívoros pueden aprender a localizar y seleccionar las plantas, aunque quizá sea una idea excesivamente amplia o tal vez algo simplista a tenor de las investigaciones que en los últimos años se están realizando sobre los organismos vegetales (no solo sobre mimetismo).

Un campo reciente en las ciencias biológicas es la neurobiología vegetal, que investiga sobre numerosos aspectos del mundo vegetal que irá abriendo las puertas de una realidad desconocida hasta ahora. Dado que los estudios botánicos en los últimos años se han desarrollado de forma amplia y novedosa respecto a décadas y desde luego siglos anteriores, es muy probable que se descubran nuevos ejemplos de mimetismo hasta ahora inadvertidos.

De hecho, en las páginas que continúan se comprueba que las plantas también pueden ser unas grandes falsificadoras, más allá de las espléndidas y siempre admirables orquídeas. Cierto es que a veces la línea entre lo que se puede considerar una imitación o no puede ser muy fina. Tal es el caso del llamado mimetismo bakeriano, llamado así en honor al especialista en polinización Herbert G. Baker (1920-2001), y que es considerado como un tipo de mimetismo intraespecífico en el cual, la flor femenina imita a la masculina.

Esto ha sido observado en las plantas dioicas polinizadas por animales, que presentan flores masculinas y femeninas mucho más parecidas entre sí que aquellas que presentan anemogamia. Estrechamente relacionado con este caso, cabe tratar el estudio de la palma *Oenocarpus bataua*. Las flores femeninas no producen néctar, cosa que sí hace la masculina. Sin embargo, la manera que tiene esta planta de atraer a los polinizadores hacia ambas flores es que tanto la masculina como la femenina producen sustancias químicas aromáticas atractivas (con una similitud del 92 %).

Lo llamativo es que, además de la imitación química, esta planta es monoica y protandra, por lo que a lo largo de su vida las inflorescencias pasan por una fase masculina, otra intermedia no reproductiva y finalmente por una femenina. Dado que tanto en la primera como en la última fase el aroma emitido es bastante intenso y tentador para los insectos polinizadores, parece claro que el modelo (flor masculina productora de néctar) y el imitador (flor femenina sin nectario desarrollado) son parte de un mismo individuo. El mimetismo bakeriano se cumple al menos en las imitaciones morfológicas y químicas, según hemos visto.

El mimetismo en las plantas presenta diversos caminos diferenciados según sea útil frente a los herbívoros, si representa una imitación de otras especies vegetales para atraer a los polinizadores o incluso la simulación de estos para engañar a los machos atraídos, por poner los casos más evidentes. Dentro de este último tipo, uno de los más conocidos es el que se encuentra en las ya nombradas orquídeas.

Numerosos géneros recuerdan enormemente las formas de insectos, generalmente himenópteros o dípteros, Sin embargo este fenómeno no fue interpretado por primera vez como una imitación de un insecto hembra por parte de una planta hasta comienzos del siglo XX. Gracias a las observaciones realizadas por el botánico aficionado Maurice-Alexandre Pouyanne, en 1916 planteó por primera vez el fenómeno de la pseucopulación en su obra *A curious case of mimicry in Ophrys*. Describió la relación entre la llamada orquídea abeja (*Ophrys speculum*) y el himenóptero *Dasyscolia ciliata*.

A pesar de que no fue tenido en cuenta por la mayor parte de la comunidad científica, poco después, en la década de los 20, volvió a estudiarse en la orquídea de lengua pequeña, *Cryptostylis leptochila*, y sin embargo no fue una interpretación realmente aceptada hasta décadas después cuando se desarrollaron investigaciones de tipo experimental, ya en los años 60.

Desde entonces se han descrito incontables casos en los que los machos de ciertos grupos de insectos son atraídos por el aspecto físico de las flores de determinadas plantas sin que tengan a cambio una recompensa como pudiera ser el néctar. Se trata por tanto de un engaño en el que frecuentemente la planta sale beneficiada al realizarse la polinización, pero el insecto no.

Por otro lado, cabe mencionar que también la familia Orchidaceae comprende especies capaces de imitar sustancias químicas atractivas para sus polinizadores, como es el caso de las feromonas sexuales emitidas por algunas hembras de ciertos insectos. Así los machos se

Ophrys scolopax subsp. cornuta [Vankich / Shutterstock].

sienten atraídos químicamente y al aproximarse al órgano floral de unas plantas a otras se produce la polinización entomógama.

De hecho, a resueltas de las investigaciones realizadas en diferentes partes del planeta, parece que el fenómeno de la mimesis imperfecta de las flores en las orquídeas es más frecuente de lo considerado inicialmente ya que, al parecer, en muchas especies prevalece la imitación química de las feromonas de las hembras de los insectos frente al aspecto de estas. La especificidad lograda entre una especie de orquídea y su polinizador es muy elevada gracias a este mecanismo.

Existe una importante diferencia con respecto a aquellas especies vegetales que necesitan de manera específica un polinizador concreto y la imitación resulta «perfecta». En este caso pueden llegar a depender tanto de esa especie, que si desaparece o disminuye su número de manera sustancial, la reproducción de la planta se verá también afectada. Aquellas especies que presentan mimetismo en una parte concreta de la flor, inflorescencia o cualquier otro órgano de la planta, pero esencialmente no modifican su aspecto, pueden sobrevivir más fácilmente al concurrir polinizadores no específicos, no atraídos por la imitación de congéneres.

Se han realizado estudios para comprobar la efectividad de la polinización en diferentes especies, en función de si existe o no una recompensa de tipo alimenticio, constatando que dicha efectividad depende del grado de mimetismo, de la recompensa en forma de alimento, de la presencia de uno o más óvulos por flor, y de si el insecto visitante es hembra o macho, entre otros aspectos.

Esto hace ver que se trata de un fenómeno muy interesante y con muchas connotaciones que conviene seguir estudiando. El mimetismo vegetal no implica solamente una morfología similar a un insecto concreto. Comprende una serie de factores en los que son determinantes la familia a la que pertenece la planta, y también el hábitat en el que se desarrollan. La presencia de polinizadores de diferentes especies e incluso grupos más amplios, junto con la abundancia relativa de las especies florales, hace que las combinaciones sean variadas. Esto explicaría la presencia de un mimetismo «imperfecto» encontrado en especies fuera de la familia Orchidaceae.

Ambas situaciones podrían encuadrarse en clasificaciones en función del estímulo o el sentido (en este caso el olfato, y por tanto alejado del probablemente más frecuente estímulo visual) o incluso en el mimetismo molecular, por tratarse de una imitación no de un orga-

Gorteria diffusa [Cathy Withers-Clarke / Shutterstock].

nismo, una especie, sino de una molécula emitida al medio y que resulta atractiva para especies que de otro modo muy difícilmente habrían cumplido con un papel polinizador.

Esto vuelve a poner de manifiesto que catalogar los tipos de mimetismo puede hacerse atendiendo a diferentes criterios al ser una cuestión humana, y por tanto se puede ajustar en función de qué se busca, las preferencias personales, etc. Se trata de una ordenación, y estas no suelen ser únicas.

Se conocen otras familias que presentan mimetismo al menos en una parte de la planta para engañar a los polinizadores. Es el caso de la compuesta *Gorteria diffusa*, que habitualmente es polinizada por insectos de forma no específica, no selectiva, junto con el díptero *Megapalpus capensis* (sinónimo *M. nitidus*). Este último sí siente una atracción especial por estas flores cuando presentan hacia el centro de la inflorescencia unas manchas oscuras que se asemejan a las hembras.

Lo curioso es que este bombílido no se aproxima a cualquier mancha oscura de la flor ya que es bastante exigente a este respecto, sin embargo al haber otros polinizadores (no atraídos por mimetismo), la planta no presenta problemas para la reproducción. Una situación similar se da en flores sudafricanas no relacionadas, que presentan manchas oscuras, como es el caso de plantas como *Gazania*, *Dimorphotheca* y *Pelargonium*, polinizadas por abejas.

Observaciones desde una perspectiva diferente comprobaron que aquellas *G. difussa* que presentaban manchas oscuras en sus flores, eran menos atacadas por determinados coleópteros herbívoros hoplínidos, mientras que sí se encontraban en otras asteráceas, como las del género *Arctotis*. Estos escarabajos trataban de evitar la competencia al no posarse sobre una flor supuestamente «ocupada» por otro individuo.

En cambio, en *G. difussa*, el bombílido *Megapalpus capensis* visita con más frecuencia las flores con manchas que sin ellas, quizá con la idea de ser individuos reposando, y con la posibilidad de procrear. Las manchas resultan por tanto un atractivo para estos insectos, de manera que manchas falsas con tinta no obtenían el mismo resultados. Estudios con microscopio electrónica revelaron que las manchas tienen una textura y estructura determinada, no es solo coloración, y al parecer *M. capensis* es capaz de detectar la diferencia. Una vez más hay que considerar la diferencia en la percepción del medio que tienen los sentidos de distintos grupos animales, ya que lo más probable es que la visión UV de los insectos resulte fundamental.

Arctotis fastuosa [CH Weiss / Shutterstock].

También se han realizado estudios sobre otras flores y los insectos relacionados (como la atracción de *Musca domestica* sobre *Daucus carota* o *Artedia squamata* cuando muestran flores oscuras centrales en las umbelas, y las pérdida de interés del díptero cuando no están presentes dichas flores). La pregunta que surge es por qué la supuesta presencia de otros individuos en ocasiones resulta atractiva y en otras disuasoria.

La respuesta aún no se conoce, pero teniendo en cuenta los estudios fisiológicos que se van realizando, es muy probable que dependa de la percepción no solo visual, sino también química. Muchas plantas liberan sustancias imitadoras de feromonas de insectos, y es posible que puedan producir otras que se reciban como amenaza o simplemente que implique un alejamiento.

Por otro lado, hay que considerar el objetivo del individuo. Si es reproducirse, evidentemente la presencia de otros ejemplares será requerida, mientras que si la finalidad es la búsqueda de alimento, la competencia no es deseada. Además, convendría tener en cuenta las diferencias propias de los grupos estudiados. Entre dípteros y coleópteros son evidentes, pero tal vez queda por conocer las peculiaridades propias de, por ejemplo, especies de coleópteros.

El hecho de que el comportamiento sea contrario en dos especies que desde nuestra perspectiva resultan similares, no significa que no tengan características etológicas o fisiológicas, por citar alguna, que sean suficientes como para provocar respuestas variadas. Conjugar estos y otros factores no resulta fácil, pero es lo que puede ayudarnos a entender por qué aparentemente la misma situación inicial desemboca en desenlaces contrarios.

La fecundación de los óvulos no solo tiene por qué verse favorecida cuando una flor tiene la apariencia de un insecto. La imitación de ciertas especies presenta otro modelo, de manera que hay flores sin néctar que imitan a otras con grandes nectarios (mimetismo batesiano). Los polinizadores no saben cuál de las dos es al enfrentarse a ellas, de modo que irán tanto a una como a la otra favoreciendo la fecundación de ambas especies.

La selección natural ha favorecido que esta relación sea exitosa cuando existe una proporción de individuos miméticos menor que de individuos modelo. De no ser así, estos últimos se verían perjudicados en su polinización, disminuyendo el número, lo cual también acabaría afectando a sus imitadores.

Planta de *Pulmonaria officinalis* con sus características
hojas «sucias» [Avalepsap / Shutterstock].

Una vez más, las orquídeas sirven de ejemplo en este tipo de situaciones, consideradas como un engaño alimenticio ya que las especies no productoras de néctar o algún otro tipo de recompensa para los polinizadores, imitan en coloración o morfología (o ambos al mismo tiempo) de aquellas que sí las ofrecen. La semejanza hace que los polinizadores se acerquen lo suficiente como para que puedan llevarse en su cuerpo el polen y así fecundar otras flores cuando vuelvan a ser engañados.

La ventaja es clara para estas plantas, y es lograr la fecundación sin necesidad de hacer una inversión. Las especies estudiadas son variadas y abundantes desde hace décadas, de manera que *Tolumnia guibertiana* simula ser *Stigmaphyllon diversifolium*, *Lophiaris cosymbephora* imita las flores de *Malpighia glabra*, o *Disa pulchra* tiene flores increíblemente parecidas a las de *Watsonia lepida*, por citar algunas parejas como muestra.

El cómo sucede el engaño es aparentemente sencillo. Utilizando como ejemplo la orquídea *Epidendrum ibaguense*, se comprueba fácilmente el gran parecido de sus flores con las de *Asclepias curassavica* (Apocynaceae) (lámina XLV). Ciertas mariposas, como le ocurre a *Agraulis vanillae*, confunde unas flores con otras, de manera que al introducir la espiritrompa en la orquídea, queda retenida brevemente dado el pequeño diámetro del conducto. El polen queda retenido en su cabeza, y cuando va hasta otra flor «falsa», la polinizará sin que esta haya tenido que invertir en la producción de néctar.

La orquídea *Cephalanthera rubra* es imitadora de especies del género *Campanula* como *C. persicifolia* (láminas VIII y IX). Su estudio presenta un doble interés; de un lado, por el hecho de que una orquídea no se asemeje a la hembra de un insecto, y de otro, porque la apariencia entre ambas es muy relativa. *C. rubra* es rosada mientras que *C. persicifolia* es azulada. Además, la forma tampoco es del todo exacta.

Cabe preguntarse si podría tratarse de un mimetismo imperfecto e incluso por qué se considera mimetismo en tales circunstancias. La observación del comportamiento de abejas solitarias de las especies *Chelostoma fuliginosum* y *C. campanularum*, da como resultado que no presentan un comportamiento diferente entre las especies vegetales citadas, de manera que ambas quedaban polinizadas a pesar de que la orquídea no ofrece néctar a los insectos que la visitan, mientras que *Campanula* sí.

Gracias al análisis espectofotómetrico de las flores, se comprueba que, si bien al ojo humano presentan diferencias evidentes en la coloración, en el espectro ultravioleta (visible para las abejas) son idénticas. Al parecer, podría ser suficiente para que estos himenópteros pasaran por alto las diferencias morfológicas y acudieran a ambos tipos de flores de forma similar.

Otro ejemplo de orquídea imitadora de otras flores es *Disa ferruginea*. Se trata de una especie africana capaz de producir muy poco néctar, por lo que resulta poco atractiva para los polinizadores. La estrategia que emplea es imitar plantas con gran producción de néctar como *Kniffofia uvaria* o *Tritoniopsis triticea*, y así atraer a la mariposa *Mineris tulbaghia* para poder ser polinizada. Esta situación difiere de otras ya que la orquídea adquiere una coloración y semejanza similar a *K. uvaria* o a *T. triticea* según cuál de las dos esté presente de manera local, y no una forma concreta de mimetismo.

Otro tipo de imitación lo encontramos en los géneros *Amorphophallus*, *Rafflesia* y *Stapelia*, productoras de unas sustancias de olor a carne podrida especialmente atrayentes para dípteros de las familias, Sarcophagidae, Muscidae y Calliphoridae, además de coleópteros de las familias Dermestidae y Silphidae. Cualquiera de ellos, engañados por el olor, depositan sus huevos polinizando las plantas en ese momento.

Pero podría plantearse si es un tipo de mimetismo al no imitar a una especie concreta; sin embargo, y dada la enorme diversidad de casos que existen, parece fácilmente admisible como tal ya que las plantas citadas imitan químicamente sustancias olorosas procedentes de animales muertos. *Amorphophallus titanum* es una de las flores más grandes del mundo; de hecho, en altura así es, ya que alcanza los dos metros y medio. Su olor es indescriptible, entre nauseabundo y pútrido (lámina xiv).

Desde luego tremendo para aquellos humanos que han estado cerca durante la floración de esta planta, pero extremadamente atractivo para aquellos insectos que creen que se trata de un cadáver en avanzado estado de descomposición. Estos, totalmente engañados, se aproximan rápidamente desde lugares en ocasiones muy alejados, para depositar sus huevos y procurar así un buen alimento a la próxima generación durante su estado larvario. Obviamente esto no es así, pero mientras la planta consigue la polinización.

Algo similar ocurre con la especie africana *Stapelia nobilis*, cuya flor alcanza los 40 cm de diámetro y adquiere una apariencia que recuerda a las estrellas de mar. Su olor es realmente desagradable, y unido al color y la pilosidad que presenta, resulta irresistible para las moscas que acuden a la carroña, como Calliphoridae, tal como ya hemos visto en *Amorphophallus*.

El género *Rafflesia* también es digno de mención, como ocurre con la especie localizada en Borneo y Sumatra *R. arnoldii* (lámina XLVI), o la recientemente descubierta en Indonesia (2020) *R. tuan-mudae*, cuyas flores alcanzan los 110 centímetros de diámetro. Más allá del tamaño de los órganos florales, esta planta resulta de interés porque no presenta hojas, tallos ni raíces, dependiendo completamente de plantas del género *Tetrastigma* para la obtención del alimento y del agua.

Su olor a carne podrida, atractivo para potenciales polinizadores, se debe a compuestos químicos como el disulfuro de dimetilo. Otras especies similares en cuanto a olor se refiere, son *Lysichiton camtschatcensis* (olor a mofeta), *Hydnora africana* (olor a heces) o *Titan arum*, que cuya floración ocurre cada cinco años, y tan solo dura uno o dos días.

En este punto pude hacerse una observación de un hecho que quizá ha pasado inadvertido al lector. Cuando las orquídeas, o cualquier otra flor, imita la forma de un insecto y se produce una pseudocópula, el engañado siempre es un macho. Sin embargo, cuando los olores repulsivos recuerdan a carroña o excrementos, las atraídas son las hembras. Es curioso comprobar cómo los mecanismos de atracción varían en función de la finalidad que tenga el individuo engañado. Por supuesto ocurre lo mismo con otros ejemplos, como en los animales según quieran ocultarse, simular ser peligrosos... pero en el caso de las flores, existe un matiz sexual de valiosa consideración.

El «uso» que las plantas hacen de ciertos animales va más allá del posiblemente mejor conocido caso de la polinización. De hecho existe una enorme variedad de especies vegetales y animales implicadas con diferentes estrategias miméticas, que suponen un proceso de imitación no para lograr la fecundación, sino una vez producida esta.

Es el caso del arbusto sudafricano *Ceratocaryum argenteum*, que emite sustancias volátiles similares a las que pueden encontrarse en excrementos y que atraen engañados a coleópteros coprófagos que recogen las semillas y las entierran. Estos escarabajos no pueden sacar ningún provecho, pero se ven engañados tanto por el olor, como por el aspecto redondeado de estas semillas. La planta obtiene así fácilmente un modo de dispersión, unido a la protección debida al enterramiento.

En la naturaleza es obvio que la reproducción es fundamental, y de ahí que se den tantos casos en las imitaciones por parte de las plantas, en las que el objetivo es lograr descendencia aunque sea a costa de engañar a los animales, frecuentemente a los insectos. Pero para procrear hay que sobrevivir, y de ahí que ciertas especies vegetales imiten la apariencia de algunos insectos, para evitar ser comidas por los herbívoros.

Xanthium trumarium presenta pequeñas manchas oscuras en diferentes partes, que simulan ser hormigas, mientras que son los pulgones los que parecen cubrir las anteras en *Paspalum paspaloides* o el tallo en *Alcea setosa*. En ciertas leguminosas, sus características vainas muestran manchas oscuras de diferente tamaño y forma, que guardan un considerable parecido con las larvas de algunos lepidópteros.

Así, especies como *Pisum fulvum, Lathyrus ochrus* y *Vicia peregrina*, exhiben estas coloraciones miméticas. En todos estos casos, puede hablarse de un mimetismo defensivo, ya que favorecería que la planta no fuera atacada por herbívoros, bien por las supuestas advertencias de las «orugas» con sus colores aposemáticos (macroherbívoros), bien porque estimaran que ya está ocupada por otras colonias de fitófagos (caso de hormigas y áfidos).

Si llamativos son los casos de vegetales que imitan a especies animales, no lo es menos el caso del pilpilvoqui. Esta trepadora, *Boquila trifoliata*, es una liana capaz de mimetizarse con varias plantas a lo largo de su tallo, modificando el color, forma y tamaño de las hojas, largo del peciolo, el patrón de nerviación e incluso la presencia de espinas, en función de las especies que tenía más próximas en cada tramo.

En las selvas templadas chilenas logra así evitar a los herbívoros (gasterópodos, gorgojos y escarabajos), de manera que es comida en mucha menor proporción cuando trepa por plantas con hojas que cuando lo hace por troncos desnudos o queda de forma rastrera sin apoyo. Evidentemente es algo asombroso y único en el reino vegetal, sin equivalencias incluso en el reino animal (¿un animal que cambie cada parte de su cuerpo de manera diferente según lo que tenga cerca? Lo más parecido tal vez sea el artista chino Liu Bolin) y que se ha tratado de explicar de diferentes maneras.

Una posible explicación que dan los investigadores de este fenómeno es que la presencia de sustancias químicas volátiles liberadas por la planta modelo podría inducir el cambio de la trepadora. Este fenómeno es conocido en el reino vegetal, ya que la liberación de sustancias de diferente naturaleza química producen, o pueden producir, modificaciones incluso a nivel de transcriptoma en plantas de las proximidades.

Tal vez podría tratarse de un proceso epigenético, si bien no se ha comprobado la inducción al mimetismo mediante este mecanismo. Otra posibilidad que se está estudiando, es el paso de información horizontal de una especie a la otra mediante algún tipo de vector (tal vez vírico), o por alguna forma de parasitismo planta-planta. Sin embargo aún queda mucho por investigar, considerando además la circunstancia de que la imitación puede tener lugar incluso sin que medie un contacto directo con la planta huésped.

Otros ejemplos interesantes los encontramos en Oceanía, donde plantas semiparásitas de la familia Loranthaceae, poseen unas hojas cuya forma y tamaño imitan las de sus plantas huésped. Esta familia presenta mimetismo en un 78 % de sus especies en esta región del globo, mientras que en el resto del planeta la imitación es un fenómeno anecdótico localizado, al menos hasta el momento, en ciertas regiones del sur de África y norte de América.

Así, en Australia y Nueva Zelanda se hallan especies de muérdago tales como *Amyema linophyllum, Amyema quandang, Korthasella salicornioides* o *Amyema preissii,* capaces de copiar las hojas de los árboles que parasitan (*Casuarina cristata, Acacia salicina, Leptospermum scoparium, Acacia loderi*). A pesar de que este fenómeno ya fue observado en el siglo XIX, las causas dadas en los primeros estudios (incluso ya a mediados del siglo XX) no parecían ser las adecuadas.

Se hablaba de una selección por el papel de herbívoros, aunque no explicaba por qué el aspecto resultaba útil en el caso de aquellos que son nocturnos y por tanto no se basan en la visión, sino más bien en el olfato. Los estudios que se han ido realizando, parecen concluir que la presión de selección ambiental no sería la causante del fenómeno mimético, sino que habría una causa genética.

Por otro lado, determinadas especies logran imitar el aspecto de hojas dañadas por algún parásito o insecto, mediante manchas o plegamientos, para disuadir el ataque de los herbívoros. Se trata de un mimetismo diferente a los visto hasta ahora ya que la imitación no es de una especie (o varias) sino más bien de un aspecto que generalmente desvía la atención hacia otras plantas con mejor apariencia.

Especies como *Pulmonaria officinalis* pueden mostrar manchas blanquecinas que parecen excrementos de aves, por lo que no resultan atractivas para los herbívoros, y yendo un paso más encontramos en ciertas especies de la familia Brassicaceae, quienes pueden presentar «falsos huevos» que se asemejan a los de lepidópteros de la familia Pieridae.

No es única esta situación, ya que las especies del género *Passiflora* (*P. cyanea, P. oesterdi*) pueden exhibir puntos amarillentos que pueden confundirse con los huevos de *Heliconius* por lo que las hembras de mariposas que en cualquiera de estas situaciones quisieran realizar la puesta, se inhiben de hacerlo para evitar la competencia entre las orugas, realizando la puesta en otra planta (lámina xlviii).

Más aún, en este género se encuentran especies como *P. adenopoda*, cuyas hojas se asemejan a las de otras plantas que no se ven afectadas por mariposas helicónidas. De hecho, se considera que la enorme diversidad morfológica foliar que presentan las pasionarias, podría ser debido precisamente a la presión de selección que ejercen estas mariposas sobre ellas.

Flores de *Watsonia lepida* [Doug Thabo Wood / Shutterstock].

En todo caso, sería interesante analizar en profundidad hasta qué punto existe una imitación respecto de las hojas otras plantas, o se trata de una morfología variable sin la «intención» de imitar, sino simplemente con el fin dificultar la elección visual de la localización de la puesta de huevos. A pesar de conocerse muchas formas variables de hojas, posiblemente un metaanálisis resultaría útil para dilucidar, al menos parcialmente, las causas de dichas variaciones.

Un estudio de este tipo posiblemente eliminaría la subjetividad que pueda presentarse en uno parcial. Cuando se leen las conclusiones de investigaciones relacionadas con la variabilidad presentada por las hojas de distintas plantas, pueden encontrarse explicaciones relacionadas con fenómenos miméticos que muy a menudo se vuelven un poco forzados, y más si se indaga sobre las descripciones de ejemplares en otras fuentes.

Podría tener relación con la pareidolia, como cuando se observan las nubes y se identifican formas concretas. En otros casos se relaciona con factores ambientales, si bien, ampliando la visión a otros especímenes de ese mismo hábitat, puede comprobarse con facilidad que en las mismas circunstancias, las plantas presentan morfologías foliares realmente variadas.

Si se acepta la idea de la imitación para evitar el ataque de herbívoros, cabe plantearse si las plantas imitadas no se ven afectadas, aunque sea por especies diferentes. Claro está que en este último caso se puede argumentar que si la semejanza se refiere a plantas tóxicas o con alguna característica que dificulte su consumo, ya queda explicado. Y sería cierto. Por eso es importante no llegar a conclusiones absolutas en situaciones que claramente no son tan sencillas si ampliamos la visión.

La naturaleza es un conjunto inmenso de seres vivos, materia inerte, factores bióticos y abióticos, relaciones... Es cierto que no puede abarcarse siempre todo, ni tan siquiera tiene sentido, ya que con frecuencia es necesario, y bonito, detenerse en los detalles. Pero si aprovecho en este punto para reflexionar sobre esto, es porque creo que es un buen ejemplo de que no siempre cabe una investigación igual a otra.

Si se hace un recorrido por las historia de las ciencias naturales, podemos encontrar incontables ejemplos de observaciones y datos de hechos muy concretos. Y han sido fundamentales hasta el día de hoy la mayor parte de ellos; incluso todos ellos, porque hasta los que puedan haber sido refutados han dado pie a que otros se interesaran

Ejemplo de pareidolia. ¿Una flor con cara de mono? *Dracula simia* [Laima Swanson / Shutterstock].

hasta el punto de encontrar debilidades en los experimentos, en el análisis... o simplemente aportando una nueva perspectiva. Pero al tiempo, visiones más panorámicas como las que tuvieron Humboldt o Darwin, por dar algún nombre indiscutible, supusieron el desarrollo de ideas de gran importancia que han marcado en gran medida el avance del conocimiento del medio natural.

Si bien los casos a los que hemos atendido se refieren a elementos de la naturaleza, el ser humano también forma parte de la misma y puede ser engañado. Como se ha explicado en páginas anteriores, el mimetismo vaviloviano se logra cuando una planta sin utilidad para el hombre, se asemeja a una planta cultivada. Es decir, diferenciar entre maleza y cultivo sería difícil.

Es el caso de los cultivos de arroz, *Oryza sativa*, que a menudo aparecen salpicados de otras especies silvestres como *O. rufipogon* y *O. punctata*. El aspecto es realmente similar, especialmente en las primeras fases del desarrollo tras la germinación, donde la distinción entre especies es prácticamente imposible. Podría considerarse que el problema mejora algo durante la floración, cuando son distinguibles, pero la realidad es que al estar las plantas cultivadas y las salvajes entremezcladas, la productividad se ve perjudicada.

En la India se desarrolló un tipo de arroz cuyas hojas eran de color púrpura. La idea en principio era buena, ya que permitiría a los agricultores diferenciar fácilmente las plantas que deben ser recolectadas. No fue así, ya que la hibridación entre ambas especies dio como resultados plantas coloreadas sin valor agroeconómico. En el Instituto Nacional de Genética de Japón este hecho ya había sido estudiado, ya que las hibridaciones entre las formas silvestres y cultivadas son frecuentes, y dan como resultado características de estos últimos (época de germinación o floración, por ejemplo), pero también lo indeseable de los primeros (granos pequeños y de excesiva dureza).

Al parecer la misma situación se dio en el centeno (*Secale cereale*), aunque con diferente final. Las formas más similares al trigo (*Triticum*) o la cebada (*Hordeum vulgare*) fueron prevaleciendo con el paso de las generaciones, especialmente en lugares con condiciones climáticas y edáficas duras al tratarse de una poácea más resistente que las formas cultivadas. Llegó un momento en el que el crecimiento y utilidad fueron tan parecidas, y en ciertas situaciones superiores, que comenzó a emplearse el centeno como un cereal de consumo (seguro en la Edad del Hierro, y tal vez desde la Edad del Bronce), tal como se había hecho hasta ese momento con el trigo y la cebada, cultivados al menos desde el Neolítico.

También puede citarse el lino (*Linum usitatissimum*), cuyo imitador es *Camelina sativa*, o el mijo perla (*Pennisetum glaucum*) que en los cultivos llega a hibridar con las formas silvestres *P. violaceum* y *P. fallax* dando lugar a híbridos fértiles llamados «shibra» que resultan miméticos respecto a la planta útil, por lo que no son eliminadas y propagan sus semillas entre los cultivos del mijo perla.

HONGOS

Obvio es que los hongos no son vegetales, sin embargo son las cátedras y departamentos de botánica los encargados tradicionales de su estudio, y por eso están incluidos en este capítulo. Estos organismos no son capaces de realizar la fotosíntesis, por lo que necesitan alimentarse de materia orgánica al no poder sintetizarla ellos mismos.

Por esta razón, ciertos hongos han adquirido una estrategia basada en el mimetismo para poder aprovecharse de otros seres vivos, como ocurre, por ejemplo, con aquellos que parasitan plantas empleando dicho mecanismo tanto para alimentarse de ellas sin que estas activen sus defensas, como para propagarse entre diferentes individuos. A pesar de que aún existen pocos casos documentados de hongos miméticos, puede diferenciarse dicha propagación en función de si es realizada por esporas o si facilitan el cruce sexual en especies heterotálicas.

En la medida en que haya más estudios y observaciones más minuciosas, aparecerán más casos. Como ejemplo cabe destacar el primer caso de verdaderas pseudoflores, y sin embargo pasaron inadvertidas por su descubridor hasta tiempo después al realizar una serie de observaciones diferentes. Cuando las imitaciones son muy precisas, es fácil que sucedan situaciones similares, lo cual es válido para cualquier ser vivo, no solo para los hongos.

Los géneros *Puccinia* y *Uromyces* desarrollan pseudoflores que resultan atractivas para los insectos polinizadores. Cuando estos se aproximan a lo que creen es una flor, favorecen la propagación de los hongos. El éxito radica en dos aspectos principales. Por un lado, en el espectro ultravioleta (en el cual ven los insectos) las pseudoflores no difieren de las verdaderas; por otro, suelen acompañarse de un estímulo dulce unido a la presencia de volátiles que pueden ser detectados y que sirven para atraer al individuo como en las flores (aunque de naturaleza química diferente).

En ciertas especies no llega a producirse una imitación del órgano completo sino de las anteras. Así, las plantas infectadas por *Microbotryum violaceum*, del género Caryophyllaceae, presentan teliosporas (tipo de esporas de ciertos hongos basidiomicetos) en las estériles anteras. Cuando un insecto se acerca, se produce la propagación del hongo favorecida, además, por el hecho de que las flores infectadas florecen antes y por más tiempo que las sanas.

Dentro del género *Puccinia* puede concretarse la actuación de la especie *P. monoica* en lo tocante a *Boechera stricta*, como ejemplo representativo. El hongo produce una reprogramación genética, de manera que llegan a alterarse más de 250 procesos fisiológicos de la planta. Este hongo es heterotálico, por lo que necesita de otros individuos para la reproducción.

Para lograrlo, al llegar la primavera, realiza las modificaciones dichas fomentando el crecimiento del tallo y eliminando la aparición de ramas y flores, al tiempo que hace que produzca una sustancia azucarada que resulta irresistible para los polinizadores, y en la cual se encuentran los espermatozoides que serán propagados hasta las espermatogonias presentes en otra planta receptora. Se produce entonces la fusión que darán lugar a unas estructuras reproductoras típicas de los hongos de la roya, los ecios, productores de eciosporas que germinan en las nuevas plantas infectadas (de otra especie que ya no es *B. stricta*). El proceso continúa ya que el ciclo reproductor es bastante complejo, si bien en el momento de la formación de los ecios, es cuando las pseudoflores pierden su color y dejan de producir el falso néctar.

Otro ejemplo de producción de pseudoflores ha sido publicado recientemente, a principios de 2020. Lo más curioso es que, a pesar de que habían sido vistas por uno de los autores del artículo (el botánico Kenneth Wurdack) en Guyana en 2006 por primera vez, no fue hasta más tarde cuando se percató de que se trataba de una nueva especie de hongo mimético.

Fusarium xyrophilum es la nueva especie del género, hermana de *F. pseudocircinatum*, que ha sido localizada en dos especies de *Xyris* (*X. setigera* y *X. surinamensis*), una planta perenne productora de unas pequeñas flores amarillo-anaranjadas, imitadas por el hongo. El engaño va más allá de la morfología y los colores visibles en el espectro ultravioleta para insectos con visión tricolor, ya que *Fusarium* libera varias sustancias que resultan atractivas para los insectos polinizadores, algunas de las cuales también son emitidas por las verdaderas flores, tal como ocurre con el compuesto 2-etilhexanol.

Si bien, realmente lo más sugestivo y novedoso es que es el primer caso descrito en el que la naturaleza de la pseudoflor es enteramente fúngica, como así lo demuestran los análisis filogenéticos moleculares realizados para su identificación, así como otros estudios de caracterización de *Fusarium xyrophilum*.

Anteriormente se ha hablado de flores con olores desagradables atractivos para insectos polinizadores, si bien, no son únicas. Los olores nauseabundos también podemos encontrarlos entre los hongos. Tal es el caso de los llamados «cuernos apestosos» (*stinkhorns* en inglés), que comprenden diversas especies con olor desagradable y

Clathrus archeri, un hongo con un «agradable» olor a carne podrida que atrae a ciertos insectos [Bob Leccinum & Robert Kozak / Shutterstock].

acre similar a carne podrida o estiércol. Cuando se acercan los insectos a comer parte del hongo, se les adhieren las esporas que trasladarán lejos del hongo original.

Sin embargo los hongos no solo se «aprovechan» de las flores de las plantas de las que se alimentan. *Monilinia vaccinii-corymbosi* es un hongo que infecta las plantas de arándano (*Vaccinium*). La estrategia que emplea es verdaderamente curiosa ya que los conidios se localizan en las hojas y liberan unos azúcares atractivos para los insectos y al mismo tiempo reflejan la luz ultravioleta de forma similar a como lo hacen las flores de los arándanos.

Así pues, ambas situaciones engañan a los polinizadores favoreciendo la propagación fúngica. Esta especie parásita, además, desarrolla un tipo de mimetismo agresivo debido a la imitación que realiza de los granos de polen y tubos polínicos de las especies huésped, logrando introducirse en el gineceo de la flor posiblemente por tener lugar un mimetismo molecular que evita el rechazo de las hifas.

Equipo de *paintball* en plena partida [Bear Fotos / Shutterstock].

CAMUFLAJE, OTRA FORMA
DE PASAR INADVERTIDO

La línea que separa el mimetismo, la imitación de otro ser vivo, y el camuflaje o cripsis, es decir, el confundirse con el medio, es extremadamente fina. No podría terminar este libro sin tratar al menos someramente algunos ejemplos en los que la naturaleza nos deleita con un engaño tal, que los sentidos son incapaces de diferenciar dónde se localiza un individuo. Esta técnica también la aprovechamos los humanos en un intento de biomimesis. Los uniformes militares actuales poco tienen que ver con los de guerras pasadas en los que los soldados se engalanaban con colores llamativos. De hecho, se utilizan ropas de camuflaje de diferentes diseños o colores según donde se desarrolle la contienda. El término camuflaje comenzó a emplearse en la Primera Guerra Mundial, momento en el que las técnicas de ocultación comenzaron a estar realmente desarrolladas. Con un objetivo más pacífico, hay deportes que emplean una técnica similar, como el paintball, que se basa en confundirse con el entorno preparado para el juego, hasta poder lanzar las bolas de pintura al contrincante.

Con estos ejemplos puede entenderse el por qué del término cripsis. Procede del griego *kryptos*, que significa «lo oculto», haciendo referencia a lo que pasa inadvertido. Así, cuando observamos un paisaje, ante nosotros se encuentran muchísimas especies que ni siquiera vemos. No todo es camuflaje, claro está. En un puñado de suelo (entendido desde una perspectiva ecológica) se encuentran componentes inorgánicos entre cuyas partículas se encuentran organismos tan pequeños como bacterias, virus y hongos unicelulares, además de otros también microscópicos o casi microscópicos como ácaros, colémbolos, rotíferos o pequeñas larvas de insectos, entre otros muchos. También pueden observarse con bastante más facilidad lombrices o gasterópodos. Pero en cualquiera de estos casos, el pasar inadvertido es debido al tamaño o a la ocultación propia de vivir bajo tierra. Fundamentales para el ecosistema, estos ejemplos no constituyen, a priori, casos de camuflaje. Sin embargo, especies que pueden vivir en la superficie, y que por su tamaño podrían ser visibles con relativa facilidad, con frecuencia no resultan vistos en absoluto. Y eso significa que algo en su aspecto, en su comportamiento o en ambos ha hecho que pasen desapercibidos.

Pero, ¿qué es lo que hace que un individuo no se pueda detectar en el medio? La respuesta no es única. Pueden darse tonalidades similares al entorno como se observa en los leones o en la archiconocida *Biston betularia*; la diferencia entre ambas situaciones radica en que en la primera de ellas, las tonalidades de estos felinos es bastante homogénea, encontrándose poca variación interindividual (salvo en los escasos leones blancos, por ejemplo). Sin embargo, la polilla del abedul muestra dos variaciones dispares, a saber, blanquecina y negruzca. Las formas más abundantes siempre fueron las primeras, ya que las oscuras eran fácilmente detectables por los pájaros que se alimentan de ellas, al ser visibles sobre los troncos claros de los árboles. Cuando comenzó la revolución industrial y la corteza de los árboles se oscureció, las tornas cambiaron. Por tanto, queda claro que los fenotipos variados pueden suponer una ventaja adaptativa frente a cambios ambientales. De no existir las variedades melánicas, la especie posiblemente habría desaparecido. Esto lleva a un segundo punto, y es el hecho de la gran influencia, a menudo negativa, del hombre en la naturaleza. La contaminación supuso una modificación absoluta de las frecuencias de individuos, con las consiguientes repercusiones en el resto de especies. Sería interesante poder conocer cómo influyó la alta frecuencia de individuos leucomorfos sobre el número de pequeños pájaros depredadores, así como en las puestas de los mismos, al disponer temporalmente de más alimento de lo habitual.

Situación diferente es la relacionada con los patrones de coloración, tal como ocurre en los pulpos, cuyos colores y texturas se modifican de manera prácticamente instantánea según se localicen en suelos arenosos, rocosos, en zonas con algas... (láminas XXVIII y XXIX). Mediante pigmentos y reflectantes logran unos colores realmente similares a los del entorno en el que en ese momento se encuentran. La diversidad de dichos colores es inmensa, tanto en intensidad como en tonalidad. Los cambios de rugosidad, por su parte, se consiguen contrayendo o relajando músculos de la piel. Por último, son capaces incluso de elegir la disposición o movimientos más adecuados para no ser vistos. Pueden abrazar corales o rocas para parecer un fragmento de los mismos, o dejarse mecer enganchados a un alga. También en el medio acuático es habitual encontrar otras formas de camuflaje que, si bien resultan más sencillas, siguen siendo eficaces. Hay especies que pueden presentar dos tonos corporales según sea la zona dorsal o ventral. Así, el famoso tiburón blanco lo es ventralmente, pero su dorso es gris. De esta manera, desde la superficie pasa más inadvertido contra el oscuro fondo, mientras las zonas claras hacen que sea poco visible desde zonas más profundas al haber más luminosidad desde arriba.

Una vez vistas las estrategias generales del camuflaje, interesa conocer ejemplos en los que quede patente cómo ciertos organismos intentan ocultarse. Y al hablar de organismos no se trata solo de animales. Basta pensar en las plantas suculentas del género *Lithops*, descubiertas a principios del siglo XIX en el sur de África. Su aspecto recuerda al de pequeños guijarros, y de hecho a menudo se confunden con piedras del suelo (lámina XLVII). Al presentar una hendidura, localmente son conocidas con el nombre de pezuñas, y se suele hacer referencia a algún animal de ganadería como ovejas o caballos. *Fritillaria delavayi* es otra planta que trata de ser poco visible entre fragmentos rocosos, pero de forma bastante peculiar. Según un estudio realizado, esta planta perenne, que puede presentar una variación de color desde el verde hasta el marrón, muestra las tonalidades pardas o grisáceas en las regiones donde es recolectada en mayor medida. Al parecer la recolección que se lleva haciendo miles de años en determinadas regiones de China ha podido influir en las variedades encontradas en las coloraciones. Así, resultan mucho más visibles por el verdor en zonas poco explotadas, mientras que en las regiones con mayor tradición en la medicina popular, los ejemplares habitualmente son muy similares a las rocas del entorno. También en China, aunque parece que sin relación con un uso por parte de los humanos, se encuentran otras especies difíciles de distinguir de las piedras del suelo, como *Corydalis hemidicentra* o *Saussurea quercifolia*.

Sin embargo podemos encontrar en el reino vegetal otros casos más complejos. *Monotropsis odorata* es una planta curiosa por tres razones relacionadas entre sí. Se trata de un epiparásito de un hongo que a su vez se adhiere a las raíces de plantas que, como suele ser habitual, realizan la fotosíntesis. Y esta es precisamente la clave. *M.*

¿Guijarros o plantas? Son *Lithops sp.* [CH Weiss / Shutterstock].

odorata no es fotosintética, de manera que obtiene el alimento del vegetal verde a través del hongo que parasita. Al no tener que realizar la fotosíntesis puede permitirse estar recubierta en gran parte por unas brácteas que hacen que pase desapercibida frente a los herbívoros al confundirse con hojarasca del suelo.

Sin embargo el camuflaje puede implicar un comportamiento sofisticado más allá de las tonalidades, siendo en el reino animal donde posiblemente se encuentran las estrategias más llamativas en relación con la cripsis. Existen especies que activamente buscan componentes del medio en el que viven para construir disfraces. Merecen atención estos casos por la intencionalidad que implica. Un ejemplo especialmente llamativo e interesante es el de los tricópteros, insectos cuyas larvas son acuáticas, y construyen unos pequeños tubos donde se refugian y con los que se desplazan por el lecho. Dichos tubos pueden estar fabricados de pequeñas ramitas, piedrecitas u otros materiales, y no resulta difícil verlas caminar por el fondo de ríos y riachuelos, siempre y cuando sean aguas muy limpias, ya que se trata de uno de los mejores indicadores de la calidad de las mismas.

Psammodesmus bryophorus es un miriápodo colombiano cuyo nombre específico nos da una idea muy buena sobre su principal característica ya que significa «que acarrea musgos». Esto es entendible si se tiene en cuenta que, de los 18 ejemplares recolectados, once de ellos llevaban a sus espaldas un total de 400 individuos de musgos y hepáticas vivos (de diez especies distintas). Resulta especialmente interesante porque se une a la corta lista de especies conocidas de artrópodos crípticos que exhiben briófitos en su cutícula. Tal es el caso de un opilión brasileño o de los gorgojos del género *Gymnopholus* de Nueva Guinea, que con frecuencia portan dorsalmente diatomeas, algas, líquenes, musgos u hongos, haciendo que sean muy poco visibles.

Otro invertebrado digno de mención es el llamado pulpo del coco, *Amphioctopus marginatus*, cuyo camuflaje es bastante más sencillo que los casos anteriores, pero demuestra un comportamiento muy sofisticado. Como su propio nombre indica, este pulpo lleva consigo cáscaras de coco que sujeta con algunos de sus tentáculos mientras camina con dos de ellos cuando se traslada de un lugar a otro. Cuando quiere protegerse, se introduce dentro de los fragmentos, llegando a utilizar conchas u otras «herramientas» más adecuadas según las circunstancias.

Una bonita *Theloderma corticale* observando [Milan Zygmunt / Shutterstock].

Rana arborícola sobre corteza [CNash / Shutterstock].

Diferente es el caso de la rana musgo, *Theloderma corticale*, cuyo tegumento es quien se asemeja a estos vegetales sin necesidad de añadir elementos del medio. Esta rana se conoce en Vietnam, y si bien es posible que se localice en otras regiones de Asia, se considera en peligro de extinción por la destrucción de su hábitat. De nuevo se demuestra que los mecanismos que funcionan en la naturaleza frente a los peligros, de nada sirven frente a la deforestación y otros ataques al medio por parte de los humanos. Endémica de Ecuador podemos hablar de *Pristimantis mutabilis*, rana que cambia en minutos la textura de su piel según el medio donde esté, desde totalmente lisa hasta desarrollar espinas dérmicas. Su adaptación es llamativa ya que recuerda en cierta manera a la de los pulpos y sepias, al mismo tiempo que su adaptación nos lleva al poema «El monstruo de Don Cógito» de Zbigniew Herbert, que dice:

> [...] en caso de amenaza / adoptar la forma / de una piedra o de una hoja / hacer caso a la sabia Naturaleza / que aconseja mimetismo / no respirar profundamente / pretender que no existimos [...].

Al ser preferentemente arborícola, es difícil de saber si es o no abundante, aunque parece serlo por las vocalizaciones registradas. Sin embargo, debido a la presión que sufren las selvas americanas (al igual que las del resto del mundo) podría darse una situación similar a la vivida con la rana musgo. Las defensas para los depredadores no implican una protección frente al hombre. El aspecto de estos pequeños anfibios recuerda al de otros animales, como ciertas tortugas dulceacuícolas. La matamata (*Chelus fimbriatus*) tiene la cabeza y el cuello recubiertos de rugosidades y protuberancias que hacen que quede camuflada en los fondos de los ríos. La forma triangular de su cabeza, junto con la coloración marrón grisácea, contribuyen a confundirse con los restos de hojas de los lechos lodosos. Algo que podría recordar a la criatura Mimeto (Mimic) del popular Dragones y Mazmorras.

Otros animales son crípticos de forma menos sofisticada, mediante su coloración y morfología, tal como hemos introducido al comienzo. Entre los insectos ortópteros podemos pensar en saltamontes de un verde intenso como *Tettigonia viridissima* o en los llamados saltamontes de alas rojas (*Oedipoda germanica*) o azules (*O. caerulescens*) que apenas sobre visibles sobre el sustrato arenoso o rocoso si permane-

Saltamontes perfectamente camuflado en el suelo (*Oedipoda caerulescens*)
[A. Sakoulis / Shutterstock].

Palomena prasina [Stefan Rotter / Shutterstock].

cen quietos, ya que los colores a los que aluden sus nombres se localizan en el par posterior de alas, plegado bajo el par anterior grisáceo mientras no vuelen o salten.

Lo mismo puede decirse de diversas especies de chinches pentatómidas. Cierto es que algunas presentan coloraciones aposemáticas, pero otras son verdes (como *Palomena prasina* o *P. viridissima*) ocultándose entre plantas como las retamas, o pardas como *Pentatoma rufipes*, que contrastan cuando se sitúan sobre hojas verdes, pero no así sobre el suelo o cortezas. En otras ocasiones juega un papel importante el tamaño. *Cionus hortulanus* es un pequeño gorgojo que suele localizarse sobre plantas del género *Verbascum*, entre otras. Pueden ser muy numerosos, y sin embargo, debido a que miden unos pocos milímetros y que su coloración principal es grisácea, quedan disimulados entre las abundantes vellosidades blanquecinas de los tallos y hojas.

El caso contrario sería, por ejemplo, el de las típulas. Estos dípteros pueden alcanzar un tamaño bastante considerable, y sin embargo rara vez se aprecian entre la vegetación. Sus largas patas y su estrecho y largo abdomen hacen que en la distancia parezca partes de la planta sobre la que descansan. La coloración disruptiva de sus alas también favorece este fenómeno. Fuera de los insectos, artrópodos como las arañas son a menudo bastante llamativas bien por su coloración, bien por su disposición en las telas expuestas al paso de potenciales presas. Sin embargo dentro de los tomísidos, las llamadas arañas cangrejo, podemos encontrar especies como algunas de las ya citadas que asemejan partes de una flor. De esta manera solo les queda esperar a que se acerque su víctima. Sin embargo otras especies no son miméticas y simplemente se acomodan en partes de las plantas cuya coloración es similar.

Entre los vertebrados podemos encontrar muchos ejemplos. Un clásico es el de los camaleones. Estos curiosos reptiles pueden presentar coloraciones muy diversas, desde las tonalidades marrones a las verdosas. El aspecto es además muy variable, considerando incluso su tamaño, encontrando el género *Rhampholeon*, que comprende los llamados camaleones pigmeo, a los grandes ejemplares del género *Calumma*. Pero todos ellos tienen en común que su coloración resulta acorde al medio en el que se desarrollan, de manera que las especies que viven entre la hojarasca, en el suelo o cortezas ha desarrollado coloraciones pardas, mientras que aquellas que viven en zonas boscosas y con abundante vegetación verde, exhiben estos colores. Por otro lado, este camuflaje se ve reforzado por un comportamiento

El pequeño *Brookesia peyrieriasi* es difícilmente visible [Dennis van de Water / Shutterstock].

tranquilo, con movimientos lentos y acompasados similares a los que se observan (cuando se puede) en fásmidos y mántidos. Estos animales pueden cambiar de color para adaptarse mejor al medio gracias a los llamados cromatóforos.

Aunque tradicionalmente se consideraba que la diferente agrupación o dispersión de los pigmentos tenía como resultado los diferentes colores, hoy se sabe que el fenómeno es más complejo. Presentan dos capas de células pigmentadas, una de ellas que puede cambiar los colores, y otra que reduce la energía que absorbe el animal gracias a la presencia de unos cristales, haciendo un efecto espejo (colores estructurales) al tiempo que les ayuda a regular la temperatura corporal. Sin embargo hay algo que debe tenerse en cuenta. Los camaleones no pueden cambiar a cualquier color que quieran tal como en ocasiones se da a entender. La típica imagen a menudo utilizada en publicidad, en la que se ve cómo un camaleón avanza y cambia de color instantáneamente y de forma hasta geométrica con el entorno, no podremos verla en la naturaleza. Según las especies, algunas muestran escasa variación de tonalidad, mientras que otras pueden verse a menudo incluso con colores tan llamativos como el rojo. Obviamente en este caso no pretenden ocultarse, sino llamar la atención de las hembras para conseguir atraerlas, intentar asustar a posibles depredadores o dar a entender un estado de ánimo frente a otros machos, por ejemplo. Por supuesto hay que considerar siempre las diferencias individuales.

Similar es el caso de otros reptiles como los anolis, y aunque son menos conocidos que los camaleones, también presentan la capacidad de cambiar de coloración, aunque sea de manera menos llamativa en general. En estos reptiles los colores son más o menos homogéneos (claro está, no en todas las especies), pero pueden encontrarse casos con patrones disruptivos que ayuden especialmente en entornos más heterogéneos. En quelonios una buena especie representativa es *Geochelone elegans*. En su caparazón muestra motivos estrellados, aparentemente llamativos, si bien cuando se encuentran en el medio natural suponen un disfraz muy eficaz ya que resultan muy poco visibles a una cierta distancia. Sus lentos movimientos colaboran para no ser descubiertas con facilidad, ya que en conjunto, se confunden con materiales del suelo o la vegetación de su hábitat.

La vida pausada y el patrón de colores, hace de *Geochelone elegans* una experta en la ocultación [Nandana Rathnayaka / Shutterstock].

Stenorhynchus seticornis, un cangrejo flecha [John A. Anderson / Shutterstock].

Por alejarnos del medio terrestre un poco, pueden citarse los picnogónidos, popularmente conocidos como «arañas de mar». Estos quelicerados presentan unas patas largas y estrechas, que unidas a un diminuto cuerpo hace que apenas sean visibles entre las algas o incluso otros animales como los briozoos. De manera parecida actúan los llamados «cangrejos flecha» (género *Stenorhynchus*), y en ambos casos el camuflaje transcurre de forma equivalente a como sucede con las mencionadas típulas. De esta manera, no son vistos por sus potenciales presas ni por los depredadores.

Entre las algas podemos encontrar ejemplares de diversos grupos animales que a veces sólo por coloración, y otras también por disposición o movimientos, resultan difíciles de localizar tal como ocurría por ejemplo con los saltamontes en los matorrales. Entre los crustáceos puede hablarse de las gambas de hierbas marinas, como *Latreutes mucronatus* o *Hippolyte australiensis*. *Athanas indicus* o *Stegopontonia commensalis* siguen una estrategia similar, salvo que su escondite, y parecido, lo apreciamos entre las espinas del erizo de mar *Echinometra mathaei* en el primer caso, o erizos de diversos géneros en el segundo. Mientras, *Periclimenes commensalis* o *P. amboinensis* se camuflan entre crinoideos de los cuales son comensales. Si pensamos en un aspecto más coralino, podemos hablar del cangrejo araña *Xenocarcinus conicus* o diferentes especies de gambas del interesante y repetidamente citado género *Periclimenes*.

Entre los vertebrados más próximos en comportamiento hay que hablar necesariamente de los caballitos de mar. Todas las especies son maestras del camuflaje o del mimetismo. Como ocurre con algunas de las especies de invertebrados citados, podemos encontrar especies como el pequeño *Hippocampus bargibanti*, de poco más de dos centímetros, perfectamente camuflado entre las gorgonias, o *H. satomiae*, cuyo minúsculo tamaño (un centímetro) y el aspecto rugoso que presenta, hace que sea difícil de ver incluso sabiendo donde se localiza.

Cualquiera de estos casos supone un límite entre camuflaje y mimetismo, sin embargo puede considerarse de nuevo un detalle para tomar la decisión. En cualquiera de los ejemplos considerados en este párrafo, el parecido con el entorno viene marcado en parte por el tamaño de las especies. En el dragón marino, pariente cercano de los caballitos de mar, su aspecto es bastante más similar al de las algas precisamente porque su gran tamaño (incluso 40 cm) supone una amenaza para sí mismo frente a posibles depredadores. Las pequeñas especies vistas, tanto de vertebrado como de invertebrado, pueden permitirse aspectos más o menos similares al de las especies con las que conviven, pero sin grandes detalles a menudo, porque su tamaño colabora en su protección. Los dragones son fácilmente visibles, por lo que el aspecto y comportamiento deben ser más exactos a ojos de otras especies.

Y finalmente, ¿qué mejor forma de no ser visto que ser transparente? Posiblemente se trate del mejor disfraz, siempre y cuando la

La pequeña gamba *Periclimenes aegylios* apenas se ve debido a su transparencia [Vojce / Shutterstock].

transparencia sea total, al menos en la mayor parte del cuerpo. Y si no, que se lo digan a Harry Potter o a Frodo Bolsón.

Las llamadas ranas de cristal, resultan muy curiosas por exhibir sus vísceras, aunque la única forma de ser poco vistas es permaneciendo quietas sobre hojas verdes para camuflarse dorsalmente. Esto resulta especialmente eficaz cuando duermen, ya que se vuelven entre un 30 y un 60 % más transparentes que cuando están en vigilia. Al parecer esto lo consiguen derivando la mayor parte de sus glóbulos rojos hacia el hígado, que está recubierto de una sustancia cristalina que actúa a modo de espejo para esconder la coloración roja de la sangre acumulada. El resto del cuerpo logra ser transparente mediante un fenómeno físico relacionado con la luz. Así, logran mantener un brillo y una reflexión de la luz incidente similar al medio donde estén reposando, resultando apenas visibles.

Otros animales logran este efecto de forma similar, como ciertos calamares, que combinan el efecto de reflectancia y sus fotómetros para resultar transparentes en el medio marino. Precisamente es en este medio donde la transparencia total es más frecuente. Posiblemente los ejemplos más atractivos los podemos observar en crustáceos como ciertas gambitas de los géneros *Periclimenes*, *Vir* o *Macrobrachium* (lámina XLII). En realidad en cualquiera de estos géneros pueden encontrarse ejemplares que muestran colores puntuales incluso especialmente llamativos, a modo de manchas sobre un cefalotórax transparente. Su aspecto general resulta verdaderamente confuso y disruptivo, lo cual las ayuda a ocultarse entre tentáculos de otros animales como las anémonas con las que convive.

Y aunque cada vez se conocen más especies total o parcialmente transparentes, resulta necesario hablar de un último y llamativo ejemplo. Se trata de *Diphylleia grayi*, una planta conocida como «flor de cristal». Habitualmente las pétalos son blancos, pero al mojarse se vuelven completamente transparentes, siendo solo visibles las nerviaciones. Este efecto se consigue gracias a un cambio en la transmisión de la luz, de manera especialmente llamativa tras la lluvia, cuando las células de los pétalos sufren una reestructuración y se acumula agua en su interior. La coloración blanca se recupera de manera inmediata cuando se seca la flor. Bien es cierto que este caso aún no puede relacionarse con ninguna ventaja, por ejemplo frente a herbívoros, y sin embargo resulta bastante probable que una evolución tan especial conlleve algún tipo de ventaja aún desconocida.

REFLEXIONES FINALES

Podríamos seguir descubriendo durante un tiempo indefinido las miles de especies que basan gran parte de su vida en mimetizarse o camuflarse, bien para depredar, bien para no ser descubiertas por sus enemigos. Sin embargo no se trata de hacer enormes listados, sino encontrar en variados ejemplos una idea común que es el hecho de que la supervivencia en la naturaleza a menudo viene marcada por no resaltar del conjunto de la misma. De manera metafórica puede servirnos para comprender que todas las especies forman parte de algo más complejo como es un ecosistema. Cada una de ellas tiene su papel y su función en el mismo. Cualquiera de los múltiples ejemplos vistos, o aquellos que también podrían haber formado parte de este libro, demuestran el enorme potencial que tiene la evolución en cuanto a la diversidad y capacidad de adaptación que proporciona.

Queda mucho por saber sobre la base genética del desarrollo corporal de los mimetas, pero no debemos olvidar que la evolución de los ecosistemas frente a la presencia de estas especies resulta fundamental. Un disfraz se muestra eficaz cuando engaña a otras especies, y por tanto las relaciones tróficas interespecíficas se ven alteradas. Si el engaño es bueno, los depredadores dejarán de contar con una fuente de alimento, lo cual afecta a otras presas. De la misma manera, si los imitadores corren menos peligro, pueden permitirse dejar menos descendencia porque se verá más protegida que en el caso de especies incluso cercanas.

Ninguno de los casos que podríamos pensar han surgido de manera instantánea, como es obvio. Por tanto, los diferentes componentes del ecosistema han ido alterando su comportamiento en función de los cambios que se iban produciendo con el paso de las generaciones. Sin saber si dichos cambios han sido graduales o puntuales, y considerando que es muy probable que se hayan dado ambos en función del medio, las condiciones o las especies implicadas, no hay que olvidar que en la naturaleza los fenómenos no ocurren de forma aislada. Mientras los individuos miméticos y sus potenciales presas o depredadores se desarrollaban como tal, el resto de las relaciones interespecíficas seguían transcurriendo. En el medio natural el equilibrio se alcanza gracias al conjunto de todas las interacciones, y por eso es fundamental que la intervención del hombre sea la menor posible. El turismo masivo en zonas hasta hace muy poco apenas visitadas pone en peligro ecosistemas frágiles y poco acostumbrados a invasiones de este tipo. Hemos visto que una proporción elevada de especies miméticas se localizan en zonas tropicales e intertropicales, y es seguro que hay muchas más aún no descubiertas. Además de la importancia de la pérdida en sí misma, no sabemos hasta qué punto la afectación de estas especies (y por supuestos todas las demás) puede provocar desequilibrios similares a los que ya conocemos en otros sucesos de pérdida de biodiversidad.

El mimetismo resulta importante porque representa no solo a otros seres vivos en cuanto a su importancia en un hábitat. Suponen una muestra de cómo pueden actuar los genes, sus posibles variaciones alélicas y los cambios que ocurren tras su regulación. Pero también sirven para demostrar la influencia de otros factores sobre la información genética, aportando más datos sobre el mecanismo de la epigenética.

La perspectiva que muestran con muchos de los comportamientos observados, deben hacernos reflexionar sobre la concepción que tenemos de otros seres vivos. La visión humana habitual debe transformarse en una mirada más abierta para poder comprender, en la medida que nos sea posible según avanza el conocimiento, otras formas de interacciones con el mundo que nos rodea. Que una especie no solo desarrolle una morfología concreta, sino que manifieste un comportamiento imitativo prácticamente perfecto, debería lograr que nos replanteemos nuestra tendencia a minimizar la importancia de organismos como los insectos.

Todas las especies importan, por sí mismas y por la relación con otras, sean del reino que sean. Pero si además añadimos lo increíble de cualquiera de los casos que hemos conocido en estas páginas, por belleza, complejidad... parece justificado más que de sobra que los mimetas merecen una atención especial.

Bibliografía

Armstrong, E. A. 1963: *A Study of Bird Song*. Oxford University Press, Oxford.

Azcon Bieto, J.; Talon, M., Mcgraw Hill: *Fundamentos de Fisiología Vegetal*. 2ª edición. McGraw-Hill-Interamericana de España, S.A.U. Edición Universidad de Barcelona. 2008.

Roderick S Bain, Arash Rashed, Verity J Cowper, Francis S Gilbert and Thomas N Sherratt. The key mimetic features of hoverflies through avian eyes. *Proc. R. Soc. B* (2007) 274, 1949–1954 doi:10.1098/rspb.2007.0458

Bates, H. W. 1862. Contributions to an insect fauna of the Amazon valley. Lepidoptera: Heliconidae. *Trans. Linn. Soc. London* 23, 495-566.

Bates, H. W. 1984. *El naturalista por el Amazonas I. Para*. Laertes, S.A. de Ediciones, 1984. Barcelona.

Bates, H. W. 1984. *El naturalista por el Amazonas II. Bajo Amazonas*. Laertes, S.A. de Ediciones, 1984. Barcelona.

Bates, H. W. 1984. *El naturalista por el Amazonas III. Alto Amazonas*. Laertes, S.A. de Ediciones, 1985. Barcelona.

Benítez-Cojulún, L. M. (2018). La epigenética: ¿el regreso de Lamarck?. *Ciencia, Tecnología Y Salud*, 5(2), 172–181. https://doi.org/10.36829/63CTS.v5i2.373

Bolaños Rodríguez, Diana; Bonilla León, Edna; Brown, Federico. (2012). Policladidos. *Hipótesis*. https://www.researchgate.net/publication/235340895

Booker T, Ness RW, Charlesworth D. Molecular evolution: breakthroughs and mysteries in Batesian mimicry. *Curr Biol*. 2015 Jun 15;25(12):R506-8. doi: 10.1016/j.cub.2015.04.024. PMID: 26079083.

Brandon, Ronald A., et al. "Relative Palatability, Defensive Behavior, and Mimetic Relationships of Red Salamanders (*Pseudotriton Ruber*), Mud Salamanders (*Pseudotriton Montanus*), and Red Efts (*Notophthalmus Viridescens*)." *Herpetologica*, vol. 35, no. 4, 1979, pp. 289–303. JSTOR, www.jstor.org/stable/3891961.

Briscoe, Adriana & Bybee, Seth & Bernard, Gary & Yuan, Furong & Sison-Mangus, Marilou & Reed, Robert & Warren, Andrew & Llorente, Jorge & Chiao, Chuan-Chin. (2010). Positive selection of a duplicated ultraviolet-sensitive visual pigment coincides with wing pigment evolution in *Heliconius* butterflies. *Proceedings of the National Academy of Sciences of the United States of America*. 107. 3628-33. 10.1073/pnas.0910085107

Brower Andrew V. Z. and Egan Mary G. 1997Cladistic analysis of *Heliconius* butterflies and relatives (Nymphalidae: Heliconiiti): a revised phylogenetic position for *Eueides* based on sequences from mtDNA and a nuclear gene*Proc. R. Soc. Lond. B*.264969–977 http://doi.org/10.1098/rspb.1997.0134

Cadena-Castañeda, Oscar. (2011). La Tribu Dysoniini Parte I: El Complejo *Dysonia* (Orthoptera: Tettigoniidae) Y Su Nueva Organizacin Taxonmica. *Journal of Orthoptera Research*. 20. 51-60. 10.1665/034.020.0105.

Cano LM, Raffaele S, Haugen RH, Saunders DGO, Leonelli L, et al. (2013) Major Transcriptome Reprogramming Underlies Floral Mimicry Induced by the Rust Fungus *Puccinia monoica* in *Boechera stricta*. *PLOS ONE* 8(9): e75293. https://doi.org/10.1371/journal.pone.0075293

Caponi, Gustavo (2011). La consolidación del programa adaptacionista. *Scientiae Studia* 9 (4):739-775.

Casewell NR, Visser JC, Baumann K, Dobson J, Han H, Kuruppu S, Morgan M, Romilio A, Weisbecker V, Mardon K, Ali SA, Debono J, Koludarov I, Que I, Bird GC, Cooke GM, Nouwens A, Hodgson WC, Wagstaff SC, Cheney KL, Vetter I, van der Weerd L, Richardson MK, Fry BG. The Evolution of Fangs, Venom, and Mimicry Systems in Blenny Fishes. *Curr Biol*. 2017 Apr 24;27(8):1184-1191.

doi: 10.1016/j.cub.2017.02.067. Epub 2017 Mar 30. Erratum in: Curr Biol. 2017 May 22;27(10):1549-1550. PMID: 28366739.

Ceccarelli, F.S. And Crozier, R.H. (2007), Dynamics of the evolution of Batesian mimicry: molecular phylogenetic analysis of ant-mimicking *Myrmarachne* (Araneae: Salticidae) species and their ant models. *Journal of Evolutionary Biology*, 20: 286-295. https://doi.org/10.1111/j.1420-9101.2006.01199.x

Chang C, Wu P, Baker RE, Maini PK, Alibardi L, Chuong CM. Reptile scale paradigm: Evo-Devo, pattern formation and regeneration. *Int J Dev Biol*. 2009;53(5-6):813-26. doi: 10.1387/ijdb.072556cc. PMID: 19557687; PMCID: PMC2874329.

Karen L. Cheney, N. Justin Marshall, Mimetismo en peces de arrecife de coral: ¿qué tan exacto es este engaño en términos de color y luminancia?, *Behavioral Ecology*, Volumen 20, Número 3, mayo-junio de 2009, páginas 459-468, https://doi.org/10.1093/beheco/arp017

Miyoko Chu, Vocal Mimicry in Distress Calls of Phainopeplas, *The Condor*, Volumen 103, Número 2, 1 de mayo de 2001, páginas 389-395, https://doi.org/10.1093/condor/103.2.389

Clarke, C. A. & P. M. Shepp \Rd. 1960. The evolution of mimicry in the butterfly *Papilio dardanus*. *Heredity* 14: 163-173.

R.T. Cumming, S. Le Tirant y F.H. Hennemann. (2019) A new leaf insect from Obi Island (Wallacea, Indonesia) and description of a new subgenus within *Phyllium* Illiger, 1798 (Phasmatodea: Phylliidae: Phylliinae). *Faunitaxys* https://www.faunitaxys.fr/articles

Cushing, Paula. (2012). Spider-Ant Associations: An Updated Review of Myrmecomorphy, Myrmecophily, and Myrmecophagy in Spiders. *Psyche*. 2012. 10.1155/2012/151989.

Innes C. Cuthill. Evolution: The Mystery of Imperfect Mimicry. *Current Biology*, Volume 24, Issue 9, 5 May 2014, Pages R364-R366

Delclòs, X.; Peñalver, E.; Arillo, A.; Engel, M.S.; Nel, A.; Azar, D. y Ross, A. "New mantises (Insecta: Mantodea) in Cretaceous ambers from Lebanon, Spain and Myanmar" *Cretaceous Research* 60: 91-108 (2016)

Dippenaar-Schoeman AS, Foord SH (2019) New records of *Cladomelea* from South Africa, including the first records of *C. longipes* (O. Pickard-Cambridge, 1877) (Araneae, Araneidae) outside its type locality. *Check List* 15(6): 1071-1075. https://doi.org/10.15560/15.6.1071

Dobkin DS. 1979 Relaciones funcionales y evolutivas de los fenómenos de copia vocal en aves. *Zeit Piel Tierpsychol. J. Comp. Ethol* 50, 348-363.

Eaton RL. A possible case of mimicry in larger mammals. *Evolution*. 1976 Dec;30(4):853-856. doi: 10.1111/j.1558-5646.1976.tb00971.x. PMID: 28563327.

Ellis AG, Johnson SD. Floral mimicry enhances pollen export: the evolution of pollination by sexual deceit outside of the orchidaceae. *Am Nat*. 2010;176(5):E143-E151. doi:10.1086/656487

Emsley, M. (1966). The Mimetic Significance of *Erythrolamprus aesculapii ocellatus* Peters from Tobago. *Evolution*, 20(4), 663-664. doi:10.2307/2406599

Fang, Hui & Labandeira, Conrad & Ma, Yiming & Zheng, Bingyu & Dong, Ren & Wei, Xinli & Liu, Jiaxi & Wang, Yongjie. (2020). Lichen mimesis in mid-Mesozoic lacewings. 10.7554/elife.59007.sa2.

Faúndez, E. I. 2010. Pentatomoidea (Hemiptera: Heteroptera) wrongly labelled in Gay's "Atlas de la Historia Física y Política de Chile" (1854). *Zootaxa*, 2351: 65-68.

Faúndez, Eduardo & Verdejo, Leyla. (2010). La singular morfología de *Acledra haematopa* (Spinola, 1852) dentro del género *Acledra* Signoret, 1864 (Hemiptera: Heteroptera: Pentatomidae), un caso de mimetismo batesiano con descripción de un nuevo subgénero. *Boletín de la Sociedad Entomológica Aragonesa*. 46. 77-82.

Fisher, R. A. (1930). *The genetical theory of natural selection*. Clarendon Press.

Ghirotto, Victor & Crispino, Edgar & Machado, Pedro Ivo & Barbosa Aguiar Neves, Pedro & Engelking, Phillip & Ribeiro, Guilherme. (2022). The oldest Euphasmatodea (Insecta, Phasmatodea): modern morphology in an Early Cretaceous stick insect fossil from the Crato Formation of Brazil. *Papers in Palaeontology*. 8. 10.1002/spp2.1437.

Glaw, Frank & Kosuch, Joachim & Henkel, Friedrich-Wilhelm & Sound, Peter & Böhme, Wolfgang. (2006). Genetic and morphological variation of the leaf-tailed gecko *Uroplatus fimbriatus* from Madagascar, with description of a new giant species. *Salamandra*. 42. 129-144.

Gould, S. J. 1977. *Ontogeny and Phylogeny*. Cambridge, Massachusetts: The Belknap Press of Harvard University Press.

Gressitt, J. L. y Sedlacek, J. 1970. Papuan Weevil Genus *Gymnopholus*: Second Supplement with studies in Epizoic Symbiosis. *Pacific Insects* 12 (4): 753-762.

Gutiérrez Canales, Giovanni. (2016). Sobre el concepto de mímesis en la antigua grecia. *Byzantion nea hellás*, (35), 97-106. https://dx.doi.org/10.4067/S0718-84712016000100005

HOFFMAN, R. L., MARTINEZ, D. and D., E. F. (2011) "A new Colombian species in the milliped genus *Psammodesmus*, symbiotic host for bryophytes (Polydesmida: Platyrhacidae)", *Zootaxa*. Auckland, New Zealand, 3015(1), pp. 52–60. doi: 10.11646/zootaxa.3015.1.5.

Howard, Ronnie R., and Edmund D. Brodie. "A Batesian Mimetic Complex in Salamanders: Responses of Avian Predators." *Herpetologica*, vol. 29, no. 1, 1973, pp. 33–41. JSTOR, www.jstor. org/stable/3891196.

P. E. Howse and J. A. Allen Satyric mimicry. *Proc. R. Soc. Lond. B* (1994) 257, 111-114 Printed in Great Britain

Christine L. Huffard, Norah Saarman, Healy Hamilton, W. Brian Simison, The evolution of conspicuous facultative mimicry in octopuses: an example of secondary adaptation?, *Biological Journal of the Linnean Society*, Volume 101, Issue 1, September 2010, Pages 68–77, https://doi.org/10.1111/j.1095-8312.2010.01484.x

Edmund A.Jarzembowski.Fossil Cockroaches or Pinnule Insects?.*Proceedings of the Geologists' Association* Volume 105, Issue 4, 1994, Pages 305-311. ISSN 0016-7878, https://doi.org/10.1016/S0016-7878(08)80183-6.

Jiggins CD, Naisbit RE, Coe RL, Mallet J. Reproductive isolation caused by colour pattern mimicry. *Nature*. 2001 May 17;411(6835):302-5. doi: 10.1038/35077075. PMID: 11357131.

Kaessmann H. Origins, evolution, and phenotypic impact of new genes. *Genome Res.* 2010 Oct;20(10):1313-26. doi: 10.1101/gr.101386.109. Epub 2010 Jul 22. PMID: 20651121; PMCID: PMC2945180.

Koch, P.B., Behnecke, B., & ffrench-Constant, R.H. (2000). The molecular basis of melanism and mimicry in a swallowtail butterfly. *Current Biology*, 10, 591-594.

Imane Laraba, Susan P. McCormick, Martha M. Vaughan, Robert H. Proctor, Mark Busman, Michael Appell, Kerry O'Donnell, Frederick C. Felker, M. Catherine Aime, Kenneth J. Wurdack. Pseudoflowers produced by *Fusarium xyrophilum* on yellow-eyed grass (*Xyris* spp.) in Guyana: A novel floral mimicry system?. *Fungal Genetics and Biology*, Volume 144, 2020, 103466, ISSN 1087-1845, https://doi.org/10.1016/j.fgb.2020.103466.

Maran,Timo (2017).Mimicry and Semiotic Evolution. In: *Mimicry and Meaning: Structure and Semiotics of Biological Mimicry*. (Biosemiotics 16). Dordrecht: Springer, 101-117. 10.1007/978-3-319-50317-2_9.

Nadeau, Nicola. (2016). Genes controlling mimetic colour pattern variation in butterflies. *Current Opinion in Insect Science*. 17. 10.1016/j.cois.2016.05.013.

Nel, A. & Garrouste. 2016. In Garrouste, Hugel, Jacquelin, Rostan, Steyer, Desutter-Grandcolas & A. Nel. Insect mimicry of plants dates back to the Permian. *Nature Communications* 7(13735):2

Izco, Jesús & Barreno, Eva & Brugues, Montserrat & Costa, Manuel & Devesa, Juna & F, Fernández & T, Gallardo & Llimona, Xavier & Salvo Tierra, Ángel & S, Talavera & B, Valdés. (2004). *Botánica*. 2ª edición.McGraw-Hill Interamericana.

Johnson, ML, Hull, SL Interacciones entre fangblennies (*Plagiotremus rhinorhynchus*) y sus posibles víctimas: ¿engañar al modelo en lugar del cliente? *Marine Biology* 148, 889–897 (2006). https://doi.org/10.1007/s00227-005-0118-y

Joron, M., Frezal, L., Jones, R. et al. Los reordenamientos cromosómicos mantienen un supergen polimórfico que controla la mímica de la mariposa. *Nature* 477, 203–206 (2011). https://doi.org/10.1038/nature10341

Kelley LA, Coe RL, Madden JR y Healy SD. 2008 Mimetismo vocal en pájaros cantores. *Anim. Behav* 76, 521-528.

Kölbl-Ebert, Martina & Ebert, Martin & Bellwood, David & Schulbert, Christian. (2018). A Piranha-like Pycnodontiform Fish from the Late Jurassic. *Current Biology*. 28. 10.1016/j.cub.2018.09.013.

K. Kunte, W. Zhang, A. Tenger-Trolander, D. H. Palmer, A. Martin, R. D. Reed, S. P. Mullen & M. R. Kronforst. "Doublesex is a mimicry supergene" *Nature*. 5 de Marzo de 2014.

Laraba I, Kim HS, Proctor RH, Busman M, O'Donnell K, Felker FC, Aime MC, Koch RA, Wurdack KJ. *Fusarium xyrophilum*, sp. nov., a member of the *Fusarium fujikuroi* species complex recovered from pseudoflowers on yellow-eyed grass (*Xyris* spp.) from Guyana. *Mycologia*. 2020 Jan-Feb;112(1):39-51. doi: 10.1080/00275514.2019.1668991. Epub 2019 Dec 11. PMID: 31825746.

Laraba I, McCormick SP, Vaughan MM, Proctor RH, Busman M, Appell M, O'Donnell K, Felker FC, Catherine Aime M, Wurdack KJ. Pseudoflowers produced by *Fusarium xyrophilum* on yellow-eyed grass (*Xyris* spp.) in Guyana: A novel floral mimicry system? *Fungal Genet Biol.* 2020 Nov;144:103466. doi: 10.1016/j.fgb.2020.103466. Epub 2020 Sep 19. PMID: 32956810.

Saul-Gershenz, L. S., & Millar, J. G. (2006). Phoretic nest parasites use sexual deception to obtain transport to their host's nest. *Proceedings of the National Academy of Sciences*, 103(38), 14039-14044.

SIMCHA LEV-YADUN, MOSHE INBAR, Defensive ant, aphid and caterpillar mimicry in plants?, *Biological Journal of the Linnean Society*, Volume 77, Issue 3, November 2002, Pages 393–398, https://doi.org/10.1046/j.1095-8312.2002.00132.x

Simcha Lev-Yadun & Mario Gutman (2013) Carrion odor and cattle grazing, *Communicative & Integrative Biology*, 6:6, DOI: 10.4161/cib.26111

Simcha Lev-Yadun, Defensive masquerade by plants, *Biological Journal of the Linnean Society*, Volumen 113, Número 4, 1 de diciembre de 2014, Páginas 1162–1166, https://doi.org/10.1111/bij.12399

Liu, Jin & Lemonds, Thomas & Marden, James & Popadic, Aleksandar. (2016). A Pathway Analysis of Melanin Patterning in a Hemimetabolous Insect. *Genetics*. 203. 10.1534/genetics.115.186684.

Liu, Xingyue & Shi, Gongle & Xia, Fangyuan & Lu, Xiumei & Engel, Michael. (2018). Liverwort Mimesis in a Cretaceous Lacewing Larva. *Current Biology*. 28. 10.1016/j.cub.2018.03.060.

Gustavo A. Londono et al. 2015. Morphological and Behavioral Evidence of Batesian Mimicry in Nestlings of a Lowland Amazonian Bird. *American Naturalist*, vol. 185, no. 1, pp. 135-141; doi: 10.1086/679106

Lucena, DAA; Melo, G AR (2018). "Avispas crisididas (Hymenoptera: Chrysididae) del ámbar birmano del Cretácico: afinidades filogenéticas y clasificación". *Investigación del Cretácico*. 89: 279-291. doi: 10.1016/j.cretres.2018.03.018. ISSN 0195-6671.

Mallet, James. (2009). Alfred Russel Wallace and the Darwinian Species Concept: His Paper on the Swallowtail Butterflies (Papilionidae) of 1865. *Gayana (Concepción)*, 73(Suppl. 1), 42-54. https://dx.doi.org/10.4067/S0717-65382009000300005

Mallet, J. and Gilbert, L.e., Jr. (1995), Why are there so many mimicry rings? Correlations between habitat, behaviour and mimicry in *Heliconius* butterflies. *Biological Journal of the Linnean Society*, 55: 159-180. https://doi.org/10.1111/j.1095-8312.1995.tb01057.x

Mallet, James & Hoekstra, Hopi. (2016). Ecological Genetics: A Key Gene for Mimicry and Melanism. *Current biology : CB*. 26. R802-R804. 10.1016/j.cub.2016.07.031.

Margalef, R. (1975): Comunicación y engaños aspectos e implicaciones de la cripsis, advertencia y mimetismo. *Graellsia* 31: 341-356.

Marshall DC, Hill KBR (2009) Versatile Aggressive Mimicry of Cicadas by an Australian Predatory Katydid. *PLOS ONE* 4(1): e4185. https://doi.org/10.1371/journal.pone.0004185

Mertens, Robert (1956). "Das Problem der Mimikry bei Korallenschlangen". *Zool. Jahrb. Syst.* 84: 541–76.

Midgley, J., White, J., Johnson, S. et al. La mímica fecal de las semillas asegura la dispersión de los escarabajos de estiércol. *Nature Plants* 1, 15141 (2015). https://doi.org/10.1038/nplants.2015.141

Moland mi, Águila JA, Jones GP. Ecología y evolución del mimetismo en peces de arrecife de coral, *Oceanogr Mar Biol Annu Rev*, 2005, vol. 43 (pág. 455-482)

Nadeau, Nicola. (2016). Genes controlling mimetic colour pattern variation in butterflies. *Current Opinion in Insect Science*. 17. 10.1016/j.cois.2016.05.013.

Nelly M. Cruz,Richard M. White,Lessons on transparency from the glassfrog, *Science*, 378, 6626, (1272-1273), (2022). /doi/10.1126/science.adf7524

Ximena J. Nelson, Ashley Card, Locomotory mimicry in ant-like spiders, *Behavioral Ecology*, Volume 27, Issue 3, May-June 2016, Pages 700–707, https://doi.org/10.1093/beheco/arv218

Henry K. Ngugi, Harald Scherm, Mimicry in plant-parasitic fungi, *FEMS Microbiology Letters*, Volumen 257, Número 2, abril de 2006, páginas 171–176, https://doi.org/10.1111/j.1574-6968.2006.00168.X

Nishikawa, Hideki & Iga, Masatoshi & Yamaguchi, Junichi & Saito, Kazuki & Kataoka, Hiroshi & Suzuki, Yutaka & Sugano, Sumio & Fujiwara, Haruhiko. (2013). Molecular basis of wing coloration in a Batesian mimic butterfly, *Papilio polytes*. *Scientific reports*. 3. 3184. 10.1038/srep03184.

Niu, Yang et al. Commercial Harvesting Has Driven the Evolution of Camouflage in an Alpine Plant. *Current Biology*, Volume 31, Issue 2, 446 - 449.e4

Nuño de la Rosa, Laura. 2016. "Evo-devo - Biología evolutiva del desarrollo". En *Diccionario Interdisciplinar Austral*, editado por Claudia E. Vanney, Ignacio Silva y Juan F. Franck. URL=http://dia.austral.edu.ar/Evo-devo_-_Biología_evolutiva_del_desarrollo

Oliveira, M. C, Å; Bossolani, P.; Segura, L. Estrátigas adaptativas na forma de fenômenos de ocultação: revisão bibliográfica. *Revista UNINGÁ*, n.10, p. 29-39, out./dez. 2006.

Martin Olofsson, Hanne Løvlie, Jessika Tibblin, Sven Jakobsson, Christer Wiklund, Eyespot display in the peacock butterfly triggers antipredator behaviors in naïve adult fowl, *Behavioral Ecology*, Volume 24, Issue 1, January-February 2013, Pages 305–310, https://doi.org/10.1093/beheco/ars167

Nelson XJ. 2010. Visual cues used by ant-like jumping spiders to distinguish conspecifics from their models. *J Arachnol*. 38:27–34.

Neme R, Tautz D. Evolution: dynamics of de novo gene emergence. *Curr Biol*. 2014 Mar 17;24(6):R238-40. doi: 10.1016/j.cub.2014.02.016. PMID: 24650912.

OLIVEIRA, M.C. & CHARLO, P.B. & Andrade, Luciana. (2006). Estrátigas adaptativas na forma de fenômenos de ocultação: revisão bibliográfica. *Revista Uningá*. 10. 29-40.

Oliver, J. C., Tong, X. L., Gall, L. F., Piel, W. H., & Monteiro, A. (2012). A single origin for nymphalid butterfly eyespots followed by widespread loss of associated gene expression. *PLoS genetics*, 8(8), e1002893.

Papier, F., Nel, A., Grauvogel-Stamm, L. et al. El saltamontes más viejo Tettigoniidae, Orthoptera (Trias, NE Francia): ¿imitación o exaptación? *Paläontol Z* 71, 71–77 (1997). https://doi.org/10.1007/BF03022547

Pek.r S, Jarab M, Fromhage L, Herberstein ME. 2011. Is the evolution of inaccurate mimicry a result of selection by a suite of predators? A case study using myrmecomorphic spiders. *Am Nat.* 178:124–134.

Pinheiro, Carlos. (2004). Jacamars (Aves, Galbulidae) as selective agents of mimicry in neotropical butterflies. *Ararajuba*. 12. 137-139.

Priddel, D., Carlile, N., Humphrey, M. et al. Rediscovery of the 'extinct' Lord Howe Island stick-insect (*Dryococelus australis* (Montrouzier)) (Phasmatodea) and recommendations for its conservation. *Biodiversity and Conservation* 12, 1391–1403 (2003). https://doi.org/10.1023/A:1023625710011

Prudic, Kathleen & Oliver, Jeffrey. (2008). Once a Batesian mimic, not always a Batesian mimic: Mimic reverts back to ancestral phenotype when the model is absent. *Proceedings. Biological sciences / The Royal Society.* 275. 1125-32. 10.1098/rspb.2007.1766.

Ralls, K., Fiorelli, P., & Gish, S. (1985). Vocalizations and vocal mimicry in captive harbor seals, *Phoca vitulina. Canadian Journal of Zoology*, 63(5), 1050-1056.

Aparajitha Ramesh, Sajesh Vijayan, Sreethin Sreedharan, Hema Somanathan, Divya Uma, Similar yet different: differential response of a praying mantis to ant-mimicking spiders, *Biological Journal of the Linnean Society*, Volume 119, Issue 1, 1 September 2016, Pages 158–165, https://doi.org/10.1111/bij.12793

Ratsoavina, Fanomezana Mihaja, Edward J Louis, Angelica Crottini, Roger-Daniel Randrianiaina, Frank Glaw and Miguel Vences. "A new leaf tailed gecko species from northern Madagascar with a preliminary assessment of molecular and morphological variability in the *Uroplatus ebenaui* group." *Zootaxa* 3022 (2011): 39-57.

Ratsoavina, Fanomezana & Ranjanaharisoa, Fiadanantsoa & Glaw, Frank & Raselimanana, Achille Philippe & Aurélien, Miralles & Vences, Miguel. (2015). A new leaf-tailed gecko of the *Uroplatus ebenaui* group (Squamata: Gekkonidae) from Madagascar's central eastern rainforests. *Zootaxa.* 4006. 143-160. 10.11646/zootaxa.4006.1.7.

Carl W. Rettenmeyer Insect mimicry *Annual Review of Entomology* 1970 15:1, 43-74

Robert R. Jackson, Ximena J. Nelson y Kathryn Salm (2008) La historia natural de *Myrmarachne melanotarsa*, una araña saltadora social que imita hormigas, *New Zealand Journal of Zoology*, 35: 3, 225-235, DOI: 10.1080/03014220809510118

Ruxton GD, Sherratt TN, Speed MP 2004. *Avoiding attack. The evolutionary ecology of crypsis, warning signals & mimicry*. Oxford, UK: Oxford University Press.

Hans-Christian Schaefer, Miguel Vences, Michael Veith. Molecular phylogeny of Malagasy poison frogs, genus *Mantella* (Anura: Mantellidae): homoplastic evolution of colour pattern in aposematic amphibians. *Organisms Diversity & Evolution*. Volume 2, Issue 2, 2002, Pages 97-105. https://doi.org/10.1078/1439-6092-00038

Schiestl, Florian. (2010). The evolution of floral scent and insect chemical communication. *Ecology letters*. 13. 643-56. 10.1111/j.1461-0248.2010.01451.x.

Scudder SH(1895) Revisión de cucarachas fósiles estadounidenses con descripciones de nuevas formas. *Bull US Geol Surv* 124 : 1 - 176.

Tom N. Sherratt,Behavioural Ecology: Spiders Play the Imitation Game,*Current Biology*,Volume 27, Issue 19,2017,Pages R1074-R1076, https://doi.org/10.1016/j.cub.2017.08.021.

Simon S, Letsch H, Bank S, Buckley TR, Donath A, Liu S, Machida R, Meusemann K, Misof B, Podsiadlowski L, Zhou X, Wipfler B and Bradler S (2019) Old World and New World Phasmatodea: Phylogenomics Resolve the Evolutionary History of Stick and Leaf Insects. *Front. Ecol. Evol.* 7:345. doi: 10.3389/fevo.2019.00345

Skowron Volponi MA, Volponi P (2017) Una nueva especie de polilla clara de imitación de avispa de Malasia peninsular con código de barras de ADN y notas de comportamiento (Lepidoptera, Sesiidae). *ZooKeys* 692: 129-139. Doi: 10.3897/zookeys.692.13587

Skowron Volponi, Marta & McLean, Jim & Volponi, Paolo & Dudley, Robert. (2018). Moving like a model: Mimicry of hymenopteran flight trajectories by clearwing moths of Southeast Asian rainforests. *Biology Letters*. 14. 20180152. 10.1098/rsbl.2018.0152

Schmidt, A. & Gruschwitz, M. (1997) Mimetismo entre lagartos y escarabajos del desierto. Una estrategia de supervivencia en un entorno de condiciones extremas. *Reptilia*,12: 22-24.

Sonja Wedmann, Sven Bradler, and Jes Rust. The first fossil leaf insect: 47 million years of speciali-zed cryptic morphology and behavior. *PNAS*. January 9, 2007 vol. 104 no. 2 565–569. www.pnas. orgcgidoi10.1073pnas.0606937104

Straneck, R. J. Una vocalización del Pijuí Común de Cola Parda, *Synallaxis albescens* (Aves, Furnariidae), es similar al sonido mecánico de advertencia de la Víbora de Cascabel, *Crotalus durissus terrificus* (Serpentes, Crotalidae). *Rev. Mus. Argentino Cienc. Nat. n.s.* 1(1):115-119, 1999.

Svenson, Gavin & Rodrigues, Henrique. (2019). A novel form of wasp mimicry in a new species of pra-ying mantis from the Amazon rainforest, *Vespamantoida wherleyi* gen. nov. sp. nov. (Mantodea, Mantoididae). *PeerJ*. 7. e7886. 10.7717/peerj.7886.

Tihelka Erik, Cai Chenyang, Giacomelli Mattia, Pisani Davide and Donoghue Philip C. J. 2020Integrated phylogenomic and fossil evidence of stick and leaf insects (Phasmatodea) reveal a Permian–Triassic co-origination with insectivoresR. *Soc. open sci.*7: 201689201689 http://doi.org/10.1098/rsos.201689

Twomey, E. et al. Reproductive isolation related to mimetic divergence in the poison frog *Ranitomeya imitator. Nat. Commun.* 5:4749 doi: 10.1038/5749 (2014).

Uma, Divya & Durkee, Caitlin & Herzner, Gudrun & Weiss, Martha. (2013). Double Deception: Ant-Mimicking Spiders Elude Both Visually- and Chemically-Oriented Predators. *PloS one*. 8. e79660. 10.1371/journal.pone.0079660.

Vaca-León, Octavio & Manjarrez, Javier. (2017). El uso de señales aposemáticas en serpientes: Contra advertencia no hay engaño. *Ciencia Ergo Sum*. Redalyc. 10.30878/ces.v24n3a9.

Wagner, G. P. y Altenberg, L. 1996. Perspective: Complex adaptations and the evolution of evolvabi-lity. *Evolution* 50 (3): 967-76.

Wang, Yongjie & Liu, Zhiqi & Wang, Xin & Shih, Chungkun & Yunyun, Zhao & Engel, Michael & Dong, Ren. (2010). Ancient pinnate leaf mimesis among lacewings. *Proceedings of the National Academy of Sciences of the United States of America*. 107. 16212-5. 10.1073/pnas.1006460107.

Wang, Yongjie, Conrad C. Labandeira, Chungkun Shih, Qiaoling Ding, Chen Wang, Yunyun Zhao, and Dong Ren. "Jurassic Mimicry between a Hangingfly and a Ginkgo from China." *Proceedings of the National Academy of Sciences of the United States of America* 109, no. 50 (2012): 20514–19. http://www.jstor.org/stable/41830557.

Wappner, Pablo. "Mecanismos moleculares involucrados en la esclerotización de la cutícula de los insectos". Tesis de Doctor. Facultad de Ciencias Exactas y Naturales. Universidad de Buenos Aires. 1995. http://digital.bl.fcen.uba.ar/Download/Tesis/Tesis_2764_Wappner.pdf

Weathers, W. 1983. *Birds of Southern California's Deep Canyon*.University of California Press, Berkeley, CA.

Wedmann, Sonja & Bradler, Sven & Rust, Jes. (2007). The first fossil leaf insect: 47 Million years of specialized cryptic morphology and behavior. *Proceedings of the National Academy of Sciences of the United States of America*. 104. 565-9. 10.1073/pnas.0606937104.

Westerman et al., 2018, Aristaless Controls Butterfly Wing Color Variation Used in Mimicry and Mate Choice.*Current Biology*28, 3469 Elsevier Ltd.https://doi.org/10.1016/j.cub.2018.08.051

Wickler, W. (2013), Understanding Mimicry – with Special Reference to Vocal Mimicry. *Ethology*, 119: 259-269. https://doi.org/10.1111/eth.12061

Wilson, Joseph, et al. "Thistle-down velvet ants in the Desert Mimicry Ring and the evolution of white coloration: Müllerian mimicry, camouflage, and thermal ecology. *Biology Letters*. 15 July 2020.

Early specializations for mimicry and defense in a Jurassic stick insect Hongru Yang, Chaofan Shi, Michael S. Engel, Zhipeng Zhao, Dong Ren, Taiping Gao. *National Science Review* 0: 1–10, 2020 doi: 10.1093/nsr/nwaa056

Yeargan, K.V. (1994). "Biology of Bolas Spiders". *Annual Review of Entomology*. 39: 81–99.

Yongjie Wang, Conrad C. Labandeiraa,b,c, Chungkun Shiha, Qiaoling Dinga, Chen Wanga, Yunyun Zhaoa, and Dong Rena, Jurassic mimicry between a hangingfly and a ginkgo from China. 20514–20519 | *PNAS* | December 11, 2012 | vol. 109 | no. 50 www.pnas.org/cgi/doi/10.1073/pnas.1205517109

Este libro se terminó de imprimir en los
talleres de Liberdúplex en Barcelona, el 15
de mayo de 2025, coincidiendo con el 325º
aniversario del nacimiento de Carl von
Linné (1707-1778), padre de la taxonomía
moderna, quien clasificó numerosas
especies que hoy sabemos participan de
sorprendentes estrategias miméticas.